Versuch

über die

erdgeschichtliche Entwickelung

der

jetzigen Verbreitungsverhältnisse unserer Tierwelt.

Von

Dr. G. Pfeffer.

Hamburg,
L. Friederichsen & Co.
1891.

Inhalt.

Einleitung.

Seitdem Darwin die Wissenschaft von der geographischen Verbreitung der Tiere zur Begründung seiner bahnbrechenden Lehre in hervorragendem Maſse verwerten konnte, haben die zoogeographischen Fragen sich die ständige Zuneigung der Zoologen aller Färbungen erworben und erhalten. Die groſsen und systematisch durchgeführten Forschungsreisen der neuesten Zeit haben das ihrige dazu gethan, dieser günstigen Stimmung immer neue und reichere Nahrung zukommen zu lassen.

Die Wissenschaft unserer Zeit neigt zu Verallgemeinerungen, und mit Recht; denn nur dadurch kann bei der weitgetriebenen Arbeitsteilung in den Wissenschaften das Allgemeine und Wertvolle Gemeingut Aller werden. Je allgemeiner und wertvoller aber die Forschungsergebnisse sind, um so weiter greifen sie nach allen Seiten hin in die Grenzgebiete mit benachbarten Wissenschaften über, um so mehr lassen sie das Wissen und Können des Einzelnen hinter der Masse des zu bewältigenden Stoffes zurück bleiben. Es giebt gewiſs keine aus dem Studium irgend einer zoologischen Gruppe gewonnene zoogeographische Anschauung, die nicht durch die Betrachtung der anderen Gruppen wesentlich geändert oder erst zur rechten Klarheit gebracht wird; gewiſs auch viele, welche erst durch die Heranziehung der geographischen Botanik ihren richtigen und allgemeinen Wert erhalten; alles Leben auf der Erde ist aber abhängig von den groſsen geophysikalischen Bedingungen. Der Grundsatz der biologischen Wissenschaften, daſs alles Gewordene erst aus seiner Entwickelungsgeschichte begreiflich und erklärbar ist, bringt den Zoogeographen allerorten mit der Palaeontologie und Geologie, mit den schwierigen Fragen der Lebensbedingungen, Verbreitungsgrundsätze und geophysikalischen Verhältnisse längst verflossener Erdzeiten in Berührung.

Auf diese Weise erweitert sich das Gebiet der allgemeinen

zoogeographischen Betrachtung weit über den Wissenskreis Einzelner hinaus, und es hat nicht fehlen können, dafs die zu Tage getretenen Ergebnisse weit von einer Anerkennung und Wertschätzung der beteiligten Wissenschaften entfernt geblieben sind.

Wenn der Verfasser vorliegender Schrift es dennoch unternommen hat, eine Arbeit über die allerallgemeinsten zoogeographischen Verhältnisse zu schreiben, so glaubt er nicht im mindesten den Klippen und Untiefen entronnen zu sein, die Vielen vor ihm Schaden und Verdrufs bereitet haben, sondern er glaubt in der Art der Veröffentlichung seiner Forschungsergebnisse den Weg zu gehen, der durch die gemeinschaftliche Arbeit Vieler zum Ziele führen kann.

Jahrelange Arbeit im Gebiete der allgemeinen wie besonderen Zoogeographie haben dem Verfasser nicht den Mut geben können, sondern im Gegenteil genommen, eine in vielen Teilen bereits ausgearbeitete Schrift über die allgemeinen Verhältnisse der Tierverbreitung zur Veröffentlichung zu bringen; andrerseits aber ist es klar, dafs eine solche Zurückhaltung nicht dazu angethan ist, die wissenschaftliche Erkenntnis zu fördern. Darum hat er den Weg gewählt, eine kleine, zu ihrem Verständnis keinerlei tiefgehende Kenntnisse der beteiligten Wissenschaften fordernde, darum für die Vertreter der Nachbarwissenschaften leicht verständliche Schrift zu schreiben, welche die wesentlichen und Hauptverhältnisse des Gegenstandes bietet, ohne in das Einzelmaterial oder in die Kritik aller einzelnen Ansichten und die Würdigung der einzelnen Schriftsteller auf dem Gebiet des näheren einzugehen. Auf diese Weise konnte ein System geboten werden, welches freilich in keiner Hinsicht den Anspruch erhebt, ein fertiges und vollständiges zu sein, welches aber den Vorteil bietet, den Vertretern der in Frage kommenden Schwesterwissenschaften klar die Stellen zu zeigen, an denen sie mit ihrem Fachwissen einsetzen können, um mitzuwirken an der Lösung einer wichtigen Frage, deren Bewältigung nur von gemeinsamer Arbeit zu erwarten ist.

Dieser Gesichtspunkt mag es auch entschuldigen, wenn die verschiedenen Teile der folgenden Arbeit in verschiedener Ausführlichkeit behandelt sind, vor allen Dingen, dafs die Verhältnisse der pelagischen und Landtierwelt nur angedeutet sind, um die freie Ausführung dieser Teile unbehindert berufeneren Händen zu überlassen.

Erstes Stück.

Die Fauna und das Klima der vortertiären Zeit.

Hinsichtlich der Verbreitungsverhältnisse der Tiere in früheren Zeiten unserer Erde gab es bis vor nicht allzu langer Zeit unter den Palaeontologen im allgemeinen nur die eine Meinung, dafs bis zu mesozoischen Zeiten sich über den ganzen oder fast über den ganzen Erdball hin eine einheitliche, ziemlich allgemein und gleichmäfsig ausgeprägte Tierwelt ausgebreitet hat, welche erst allmählich, und zwar während des Tertiärs, die Ausprägung klimatischer und zoogeographischer Provinzen immer mehr zu erkennen giebt.

Eine andere und zwar neuere Schule hat sich die Errungenschaften der modernen geographischen Zoologie zu nutze gemacht und nimmt an, dafs es stets, gerade so wie heute, zoogeographische Provinzen und klimatische Zonen gegeben hat und gegeben haben mufs; die Züge universeller Verbreitung früherer Tierwelten seien nur vorgetäuscht, insofern die weitverbreiteten Formen pelagische und Tiefseetiere waren, die ja auch heute noch eine nahezu allgemeine Verbreitung über die ganze Erde haben.

Man sollte nun denken, dafs eine ausgeführte Statistik den bestehenden Zwiespalt unschwer lösen könnte; wer aber jemals einen Einblick in die palaeontologische Systematik gethan hat, wer da weifs, wie die Arten und höheren systematischen Kategorieen in ihrem Umfange oder Einschränkung von den verschiedenen Schriftstellern auf das verschiedenste aufgefafst worden sind, wie die Autoren der einen Nation oft gar keine Beziehung nahmen auf die Forschungsergebnisse einer andern, wie lückenhaft die Ausbildung gleichzeitiger

Ablagerungen der Wissenschaft bisher zugänglich geworden ist bez. jemals werden kann; wer dies und viele andere Quellen der Unsicherheit berücksichtigt, der wird die Schwierigkeit sicher gestellter statistischer Aufmachungen ermessen und die Überzeugung gewinnen, dafs diese Methode für die Lösung der vorliegenden Frage vorläufig noch nicht zum Ziele führt, denn sonst würden die thatsächlich vorhandenen, so weit auseinander gehenden Meinungsverschiedenheiten darüber eben nicht bestehen können.

Wenn nun im folgenden versucht werden soll, auf Grund anderer Methoden einige Sicherheit über die Auffassung der faunistischen Verhältnisse früherer Erdzeiten herbeizuführen, so thut es not, zunächst eine wichtige Vorfrage zu erledigen. In der Behauptung der neueren Schule, es habe — ebenso wie heutzutage — zu allen Zeiten der Erde zoogeographische Provinzen gegeben, liegt die Annahme, dafs wir über die Auffassung der gröfseren faunistischen Bezirke der heutigen Zeit im klaren sind; aber diese Annahme, welche der nicht fachvertraute Leser von vornherein für gegeben und berechtigt hält, verdient diese Wertschätzung durchaus nicht.

In der Auffassung aller grofsen tier- und pflanzengeographischen Reiche stehen sich seit je zwei Anschauungen gegenüber, eine topographische und eine klimatographische, d. h. eine, welche die Verbreitung der Tiere und Pflanzen von der Ausbildung der grofsen topographischen Verhältnisse der Erde abhängig macht, und eine, welche hierfür den klimatischen Zonen den gröfseren Wert beimifst. In der Botanik ist die letztere, in der Zoologie die erstere zur Herrschaft gekommen. Von mafsgebendem Einflufs für den zoologischen Standpunkt ist vor allem das Werk von A. R. WALLACE „Die geographische Verbreitung der Tiere“ gewesen. WALLACE teilt, indem er der von SCLATER für die Vogelwelt in Vorschlag gebrachten Einteilung folgt, das feste Land in „Regionen“, nämlich die palaearktische, orientalische, äthiopische, australische, neotropische und nearktische. Bestimmend für den Anschlufs an SCLATER waren WALLACE die Verbreitungsverhältnisse der Säugetiere und Vögel, ferner einiger Gruppen der Käfer und Schmetterlinge; er sucht auch eine Anzahl anderer Tierklassen in den gegebenen Rahmen hinein zu passen. Sehr scharf spricht er sich aus gegen die Anschauung klimatographischer, zonenartiger, oder — wie es meist genannt ist — circumpolarer Verbreitung der Tiere; selbst das allseitig geforderte und von den besten Schriftstellern anerkannte arktisch-circumpolare Reich fand nicht WALLACE's Anerkennung; er glaubte den östlichen Teil desselben vom westlichen natürlicherweise besser trennen und der palaearktischen bez. nearktischen Region zuteilen zu müssen.

Der hohe wissenschaftliche Standpunkt, auf den der berühmte Mitbegründer des Darwinismus die allgemeinen Anschauungen seines Buches gehoben hat, die köstliche Darstellung, der Anschlufs an die grofsen geographisch gegebenen Kontinente und an die auch in weiteren Kreisen bekannten Verhältnisse der Säugetiere und Vögel haben den WALLACE'schen zoogeographischen Anschauugenn in den allgemein-zoologischen Büchern bisher die unbedingte Herrschaft gesichert; die Einzelforschung aber, die keinen Autoritätsglauben kennt, ist ihre eigenen, selbst gebahnten Wege gegangen und hat zu Ergebnissen geführt, welche das SCLATER-WALLACE'sche System zum Teil in seiner Berechtigung einschränkten, zum Teil als unzutreffend erscheinen liefsen. Für die Landtiere, nämlich die Säugetiere, Vögel, Reptilien, für einen grofsen Teil der Mollusken und Insekten, überwiegt gewifs die topographische, durch die Ausbildung der grofsen Ländermassen gegebene Anordnung der Verteilung, wenngleich Spuren der klimatographischen überall zu bemerken sind; für die Gesamtheit der im Süfswasser lebenden oder vom Süfswasser abhängigen Tiere, wie der Amphibien, Fische, Süfswasser-Mollusken und -Krebse oder der Regenwürmer tritt das klimatographische Prinzip als das einzig berechtigte auf; in der Verteilung der Meeresbewohner kann man fast überall beide Kategorieen der Verbreitung erkennen, doch überwiegt die klimatographische. Die zoogeographischen Reiche, welche sich auf diese Weise zonenförmig (circumpolar) auf der Erde ausgeprägt haben, sind das arktisch-boreale, das antarktisch-notiale und das circumtropische; in der gemäfsigten Zone tritt (aus Gründen, die wir später kennen lernen werden) die Circumpolarität zu Gunsten der topographischen Anordnung der Tierwelt aufserordentlich zurück, ohne freilich je zu verschwinden. Am stärksten wird sich nach dem oben Gesagten die Circumpolarität bei den Süfswassertieren und dem gröfseren Teile der Meerestiere, weniger stark bei einem anderen Teile der Meerestiere, am schwächsten bei denjenigen Landtieren ausgeprägt finden, welche in ihrer Lebensführung vom süfsen Wasser sich am weitesten unabhängig gemacht haben.

Es liegt im Plane der vorliegenden Arbeit, erst in einem späteren

Abschnitt auf die sachliche Begründung der soeben ausgesprochenen Sätze einzugehen, weil irgend welche Einzelheiten zunächst nicht benutzt werden sollen. Dasjenige, worauf es vorläufig ankommt, ist nur, den Leser darüber zu unterrichten, dafs, ebenso wie bei der Verbreitung der Pflanzen, auch bei den Tieren das Prinzip der zonenförmigen Anordnung, sei es mehr oder minder, jedenfalls überall zu erkennen ist. An dieser Stelle mag noch die wunderbarste aller zoogeographischen Erscheinungen hervorgehoben werden, nämlich dafs die Faunen des hohen Nordens und des hohen Südens die gröfste Ähnlichkeit miteinander haben, trotzdem sie durch die Gesamtheit der dazwischen liegenden Faunengebiete völlig getrennt sind.

Somit treten zwei erdgeschichtliche Grundprinzipien der Tierverbreitung auf, das topographische und das klimatische, die häufig gleichartig, häufig aber auch gegensätzlich wirken und dadurch die Einheitlichkeit in der Herstellung und Auffassung zoogeographischer Bezirke erschweren oder gar hindern. Aufserdem sind aber die Ausbreitungsverhältnisse der verschiedenen Tiergruppen ganz verschiedene, so dafs in den allerseltensten Fällen die für eine bestimmte Abteilung aufgestellten Verbreitungsbezirke weiter auf andere Abteilungen ausgedehnt werden können. Die Wanderfähigkeit, die Kraft der Anpassung oder des Widerstandes in Bezug auf die gegebenen Lebensbedingungen, das phyletische Alter der einzelnen Tiergruppen und ihre ganze Geschichte während der geologischen Veränderungen der Erde: alles das sind Kategorieen, die in jedem Falle anders auftreten und anders zu beurteilen sind, so dafs es kaum zu erwarten ist, dafs mit Ausnahme ganz grofser faunistischer Grundverhältnisse jemals an eine Einteilung der gesamten Erde in wirklich natürliche geographische Bezirke gegangen werden kann.

Dieses ziemlich negative Endergebnis wird den meisten palaeontologisch wie geologisch gebildeten Lesern gleich unerwartet vorkommen, weil es so weit abweicht von den in allgemeinen Büchern gegebenen Darstellungen; den wenigen Zoogeographen von Fach sind diese Anschauungen aber längst in Fleisch und Blut übergegangen; ich erinnere nur an die Ausführungen eines der ausgezeichnetsten Männer im Fach, des Prof. E. v. Martens, auf der Naturforscherversammlung zu Berlin im Jahre 1886.

Wenn somit die Zoogeographie sich nicht imstande fühlt, eine den natürlichen Verhältnissen entsprechende Einteilung der Erde in zoogeographische Bezirke zu geben, so fällt von vornherein die Berechtigung der Palaeontologen, „geologische Provinzen“ **nach dem Muster der heutigen** zoogeographischen Provinzen anzunehmen.

Ganz anders liegt freilich die Frage, wenn wir von dem Standpunkte der allgemeinen auf dem Standpunkt der speziellen Zoogeographie, der Faunistik, treten. Greifen wir irgend ein Gebiet des festen Landes oder Meeres heraus und vergleichen dies mit den nach Norden und Süden, nach Osten und Westen davon gelegenen Gebieten, so finden wir überall faunistische Unterschiede, die um so stärker ausgeprägt erscheinen, je abgeschlossener dies betrachtete Gebiet seiner Umgebung gegenüber auftritt. Da nun unsere Kenntnis der einzelnen Tiergruppen und andrerseits der Tierwelt der einzelnen Gegenden eine zum Teil recht achtungswerte und gesicherte ist, da ferner unser Wissen über die geophysikalischen und biologischen Bedingungen, wie z. B. Verhältnisse des festen Bodens und des Meeresgrundes, des Klimas, der Temperaturschwankungen, des Salzgehaltes, der Strömungen, der Verbreitungs-Hindernisse u. dgl. allmählich einen recht erfreulichen Umfang angenommen hat, so kann, namentlich, wenn die betreffende Gegend geologisch aufgeschlossen ist, die Betrachtung jeder Lokalfauna sich zu einer bemerkenswerten wissenschaftlichen Höhe erheben, wie dies in der That von vielen Gegenden der Erde zu verzeichnen ist. Da nun die Lokalfaunen ihre besondere Ausprägung nicht den physikalischen Bedingungen der ganzen Erde und den Verbreitungsverhältnissen der gesamten Tierwelt verdanken, sondern vielmehr den örtlichen physikalischen und biologischen Beziehungen natürlich gegebener Bezirke, so liegt kein Grund vor gegen die Annahme, daſs es stets, zu jeder Zeit der Erde, derartige wohl ausgeprägte und eigenartig entwickelte Lokalfaunen gegeben hat. Soweit die Palaeontologie sich also auf zoogeographische Bezirke dieser Art beschränkt, hat sie die volle Berechtigung, die allgemeine Gleichheit der früheren faunistischen Verhältnisse mit den heutigen in Anspruch zu nehmen.

Es könnte scheinen, als wenn der soeben behandelte Unterschied zwischen groſsen faunistischen Reichen und Lokalfaunen künstlich oder für die zu lösenden Fragen unmaſsgeblich sei; das erstere, weil ja annähernd einheitliche Bedingungen auch für sehr ausgebreitete, den Namen von Provinzen oder Reichen beanspruchende Gebiete unserer Erde ausgeprägt sein können, so daſs der Unterschied zwischen gröſseren und kleineren faunistischen Bezirken nur ein relativer ist; das andere, weil die Ausbildung von Lokalfaunen kleineren oder gröſseren Stiles die Frage nach der Einheitlichkeit und Allgemeinheit in der Verbreitung der vortertiären Fauna sofort verneinend entscheidet, gleichgültig, ob groſse faunistische Reiche zu jenen Zeiten bestanden haben oder nicht.

Dem ist auf der einen Seite entgegenzuhalten, daſs, wie die vorliegende Arbeit zu zeigen bestimmt ist, die groſsen faunistischen Züge in der That sich auf Grund von geophysikalischen und biologischen Verhältnissen gebildet haben, welche sich auf die g a n z e Erde beziehen. Ferner berührten — so absonderlich dies zuerst auch klingen mag — die Lokalfaunen noch so groſsen Stiles die gleichzeitige Ausbildung einer einheitlichen allgemeinen Fauna in vortertiären Zeiten durchaus nicht.

Die folgende Betrachtung soll den Beweis für diese letztere Behauptung liefern.

Betrachten wir vom zoogeographischen Gesichtspunkt aus die Ost- und Westküste Afrikas, so haben wir zwei Faunen von der allergröſsten Verschiedenheit vor uns; mit Ausnahme der pelagischen Formen, einiger besonders guter Schwimmer und einiger Brackwassertiere (die alle, wie wir weiter unten sehen werden, eine besondere Auffassung erfordern) haben beide Faunen eigentlich keine Art gemeinsam; es kann geradezu gesagt werden: keine einzige Art umschreitet heutzutage das Kap der guten Hoffnung; ja, der Unterschied geht soweit, daſs selbst die Untergattungen und Gattungen der meisten Gruppen auf beiden Seiten des tropischen Afrikas verschieden auftreten. Ganz dasselbe gilt von den beiden Faunen des subtropischen Südamerikas.

Denken wir uns nun, daſs unter den jetzt bestehenden geographischen Verhältnissen völliger Geschiedenheit die Faunen der beiderseitigen Küsten von Afrika viele Hunderttausende oder Millionen von Jahren — kurz, auf beliebige Zeit — weiter bestehen, so unterliegt es für niemand einem Zweifel, daſs alle Arten, welche diesen Faunen angehören, sich allmählich verändern, zu anderen Arten umbilden müssen; sie werden also ihren gemeinschaftlichen Stammeltern, vielmehr aber noch den Arten der anderen Küste, immer unähnlicher werden. Daſs die betreffenden Arten auf dem jetzigen Standpunkte der Ähnlichkeit bezw. Unähnlichkeit auf ungeheure Zeiträume hin verharren sollten, ist — wenn unsere Anschauungen über den Zusammenhang der organischen Wesen und die Umbildung der Arten nicht grundfalsch ist und ihr Gegenteil der Wahrheit nicht etwa näher kommt, als unsere jetzigen Annahmen — unmöglich; noch unmöglicher aber ist, dafs die Arten der west- und ostafrikanischen Küste in ihrer Weiterentwicklung sich immer ähnlicher werden. Was für die einzelnen Arten gilt, hat ebenso Giltigkeit für die Gemeinsamkeit der Arten, d. h.: die Fauna der Ost- und Westküste Afrikas wird, wenn die heutigen Bedingungen verbleiben, sich von nun an bis in Ewigkeit stets divergent weiter entwickeln. Die einzige Möglichkeit einer Vermischung und infolgedessen eines Ausgleiches der faunistischen Verschiedenheiten wäre die, dafs die trennende Schranke fiele. dafs Afrika unter den Spiegel des Ozeans tauchte oder sich in einen Archipel von Inseln auflöste, kurz, dafs eine wirkliche örtliche Verbindung zwischen beiden Faunengebieten einträte.

Ganz dasselbe gilt von den Faunen der subtropischen Ost- und Westküste Südamerikas. Auch hier wäre nur durch grofse geologische Umwälzungen eine Vermischung beider Faunen zu ermöglichen. Solche Beispiele, wie die beiden angeführten, giebt es in grofser Zahl, wenn sie auch nicht in so grofsen Zügen ausgeprägt sind. Der allgemeine Satz, der aus der Betrachtung solcher Fälle abzuleiten ist, wäre der, dafs unter Beibehaltung der jetzigen Zustände der Erde sich getrennte Faunen gleicher Klimate in ihrer Weiterbildung immer divergent entwickeln müssen, und dafs eine Ausgleichung der faunistischen Verschiedenheiten nur durch geologische Veränderungen allergröfsten Stiles möglich ist. (Dafs ein solches Auftreten von Umständen, welche die massigste Ausbildung der Kontinente verändern, an sich recht unwahrscheinlich ist, ferner, dafs der Wegfall räumlicher Trennung noch nicht die völlige Vermischung zweier Faunen gewährleistet, mag hier nur erwähnt werden, ohne dafs auf die Verwertung dieser Gesichtspunkte an dieser Stelle eingegangen werden soll.)

Eine ähnliche Scheidung, wie sie in dem soeben betrachteten Falle trennende Ländermassen zwischen Faunen derselben Klimate herstellen, bewirken in vielen andern Fällen Unterschiede der Klimate, also in den meisten Fällen Unterschiede der geographischen Breite. Das wesentlich Verschiedene zwischen diesen und den vorher betrachteten Fällen liegt darin, dafs sich hier zwischen den beiden in Frage kommenden Faunengebieten stets ein Grenzgebiet einschaltet, in welchem sich beide Faunen vermischen. So mischt sich, um ein Beispiel anzuführen, an der Küste von Norwegen allmählich die arktische Fauna des Eismeeres und die boreale Fauna der nordischen Meere; ähnlich verhalten sich die Faröer, Island und die nordamerikanische Küste südlich von New-Foundland. Die Beispiele für diesen Fall sind, gleichviel ob man gröfsere oder kleinere faunistische Gebiete vergleicht, ungezählt und jedem geläufig. Solche durch klimatische Schranken getrennte Faunen werden sich in Zukunft, gerade wie bei den vorher betrachteten Fällen der afrikanischen und südamerikanischen Küste, stets divergent weiter entwickeln; die Möglichkeit, sich in ihrer Gesamtausdehnung (d. h. nicht nur an den Grenzen) wieder zu vermischen und sich dadurch ähnlicher zu werden, kann nur bei Eintritt einer Klima-Änderung, also etwa bei Veränderung der Strömungen, eintreten. Freilich ist der Eintritt dieser Voraussetzung nicht wahrscheinlich; noch unwahrscheinlicher ist aber, dafs unter dieser Voraussetzung, d. h. trotz der Klima-Änderung, beide Faunen in ihrer Masse überleben bleiben.

Beide bisher angeführten Fälle haben das gemeinsam, dafs bei einem wenn auch nicht sehr wahrscheinlichen, so doch immerhin möglichen Wegfall der trennenden Schranken eine Vermischung der Faunen stattfinden kann. Für eine andere Kategorie ist dies aber nicht möglich. Wir haben bereits oben (pag. 8) ausgesprochen, dafs zwischen der arktisch-borealen Fauna einerseits und der antarktisch-notialen Fauna andrerseits eine aufserordentliche Ähnlichkeit besteht, die sich nicht auf Äufserlichkeiten, sondern auf allerinnerlichster Gleichheit, auf Verwandschaft gründet. Diese beiden Faunengebiete sind aber durch unübersteigbare Schranken voneinander getrennt. Kein Tier, mit Ausnahme einiger starken, gegen klimatische Verhältnisse unempfindlichen Schwimmer und der in die Tiefsee steigenden Arten kann von dem einen Gebiete in das andere hinüber; im allgemeinen setzt die zwischen beiden liegende Tropenzone ebenso wie die Tiefsee jeder Annäherung, jeder Vermischung und jedem Austausch zwischen beiden Faunen die völlige Unmöglichkeit gegenüber. Da diese Schranken aber, wenn die heutigen Verhältnisse bestehen bleiben, nun und nimmer fortfallen können, so müssen sich die litorale arktisch-boreale Fauna auf der einen und die antarktisch-notiale Fauna auf der anderen Seite für alle Zukunft divergent entwickeln.

Ziehen wir jetzt das Endergebnis unserer Betrachtungen, so

lautet dies: Alle heutigen Faunen werden sich in Zukunft divergent entwickeln; geologische Veränderungen aufserordentlicher Art werden freilich Sonderfaunen gleicher Klimate verallgemeinern können, gröfsere klimatische Veränderungen werden aneinander grenzende Faunen verschiedener geographischer Breiten vermischen, also verallgemeinern können; aber die grofse Masse der unüberbrückbar getrennten arktisch-borealen Fauna auf der einen und der antarktisch-notialen Fauna auf der anderen Seite mufs sich immer weiter divergent entwickeln; ebenso natürlich sämtliche Faunen der gemäfsigten Zonen, soweit für ihre Vertreter die Tropenzone unüberschreitbar ist; d. h. also, die Hauptmasse unserer heutigen Litoral-Faunen mufs sich divergent entwickeln.

Wenden wir nunmehr dies Ergebnis auf die Faunistik früherer Erdperioden an. Wenn die Verhältnisse, welche die heutzutage bestehende Faunengliederung hervorgerufen haben, immer dieselben gewesen sind wie heute, so mufste seit ewigen Zeiten die Hauptmasse der Faunen eine im allgemeinen divergente Entwickelung genommen haben, natürlich mit Ausnahme der oben betrachteten Fälle, in welchen auch heute eine konvergente Entwickelung möglich ist; diejenigen Faunengebiete aber, zwischen denen eine Verbindung unmöglich ist, nämlich das arktisch-boreale und das antarktisch-notiale Ufergebiet, müfsten dann heutzutage die gröfste überhaupt auf Erden auftretende Divergenz, die allerbedeutendste Unähnlichkeit aufweisen.

In Wirklichkeit ist nun aber gerade das Umgekehrte der Fall; beide Faunengebiete haben unter sich eine viel gröfsere Ähnlichkeit, als mit irgend einer dazwischen liegenden Fauna. Somit steht also zum mindesten fest, erstens, dafs die Art der Faunenbildung früherer Erd-Epochen nicht mit dem heutigen Gange dieser Verhältnisse ohne weiteres verglichen werden kann, zweitens dafs es falsch ist, die heutigen Zustände zur Erklärung der alten Faunenverhältnisse ohne genaue Analyse und Kritik anzuwenden.

Es handelt sich nunmehr darum, von der gewonnenen Grundlage aus in das Verständnis der faunistischen Verhältnisse früherer Erdzeiten einzudringen.

Wenn wir irgend eine Art an mehreren weit voneinander getrennten Punkten der Erde vorfinden, so unterliegt es keinem Zweifel, dafs zwischen diesen Punkten Verbindungen bestehen oder bestanden haben müssen, mit Hülfe deren die betreffende Art an die Örtlichkeiten gelangen konnte, an denen wir sie jetzt antreffen. Fast in allen Fällen, die wir geschichtlich verfolgen können, sehen wir, dafs diese sogenannten „isolierten" Vorkommnisse Überbleibsel, „Relikte" des früheren Verbreitungsbezirkes der betreffenden Art vorstellen. Ganz dasselbe gilt von den isolierten Vorkommnissen der gleichen Untergattungen, Gattungen und Familien. Nun ist es durchaus nicht erforderlich, vielleicht in den meisten Fällen gar nicht anzunehmen, dafs der Verbreitungskreis einer Art oder Gattung, wie er durch die betreffenden heutigen oder palaeontologischen Vorkommnisse umschrieben wird, thatsächlich zu irgend einer bestimmten Zeit von der betr. Art oder Gattung vollständig eingenommen wurde; vielmehr ergiebt eine solche Untersuchung nur, dafs die verschiedenen Vorkommnisse innerhalb der Summe der Verbreitungsbezirke fallen, welche die zu betrachtende Art oder Gattung innerhalb der langen Zeit ihres Bestehens innegehabt hat.

Wenn aber die — schmalere oder breitere — Verbindung zwischen isolierten Vorkommnissen notwendigerweise in den historischen, also geologischen Verbreitungskreis einer Art, Gruppe oder Gattung fällt, so gehört die Gesamtheit der zwischen dem arktisch-borealen und dem antarktisch-notialen Uferbezirk gelagerten Zonen, nämlich die wärmeren gemäfsigten und die Tropenzone, in den historischen Verbreitungskreis der Faunen, welche heutzutage die hohen nördlichen und südlichen Breiten einnehmen; die Vorfahren der heutigen Litoral-Faunen hoher Breiten waren einst über das Litoral der ganzen Erde hin verbreitet.

Ich reihe hier einen Erfahrungssatz an, welcher an dieser Stelle nicht weiter besprochen werden soll, weil er in seiner Deutung unwidersprochen dasteht, nämlich dafs während alttertiärer Zeiten die gemäfsigten, selbst die kälteren gemäfsigten Meere von Tieren bewohnt wurden, deren heutige Verwandte zum allergröfsten Teile nicht mehr in jenen Gegenden, sondern innerhalb der Wendekreise leben. Zu Kreidezeiten dehnte sich die Verbreitung jener Fauna selbst bis über den Polarkreis hinaus. Dasselbe gilt von der Flora. Es kann also ohne Widerspruch behauptet werden, dafs die Vorfahren der jetzigen tropischen Fauna und Flora bis zu alttertiären Zeiten eine allgemeine oder fast allgemeine Verbreitung über die Erde hatten.

Der Standpunkt unserer Untersuchung ist also jetzt: Die Stammfaunen unserer heutigen tropischen, arktisch-borealen und antarktisch-notialen Faunen besafsen in früheren geologischen Zeiten eine allgemeine oder fast allgemeine Verbreitung über die ganze Erde. Da diese soeben angeführten Faunen heutzutage die Gesamtheit der zonenförmig angeordneten Faunen der Erde ausmachen, die Vorfahren dieser Gesamtheit aber (wie wir sahen) eine allgemeine Verbreitung über die ganze Erde hatten, so hatte die gesamte Tierwelt jener vortertiären Zeiten eine allgemeine Verbreitung, sofern wir die vortertiäre Fauna als die Stammfauna der heutigen Faunen betrachten dürfen. Da nun seit jenen Zeiten erwiesenermafsen nur ganz wenige Tiertypen ausgestorben sind (die übrigens alle nicht gegen die hier aufgestellten Sätze sprechen), so behalten wir das einfache Endergebnis: Bis zu alttertiären Zeiten gab es auf Erden keine zonenartigen Faunen, sondern nur eine einzige, über die ganze Erde verbreitete allgemeine Fauna.

Betrachten wir die Frage jetzt von einer anderen Seite, nämlich von der der palaeontologischen Entwickelung. ZITTEL (Handbuch pag. 18) fafst diese in folgendem Kernsatz zusammen: „Die verschiedenen in den Erdschichten begrabenen Floren und Faunen folgen auf der ganzen Erde in derselben gesetzmäfsigen Weise aufeinander", d. h. jede neue im Laufe der Erdgeschichte erscheinende Fauna und Flora breitete sich stets über die ganze Erde aus, um eine frühere aussterbende Fauna und Flora abzulösen. Es liegt also in dem Zittelschen Satze schon die Voraussetzung, dafs die Faunen früherer Zeiten (natürlich sind nur die bis zum älteren Tertiär gemeint) eine allgemeine Verbreitung über die ganze Erde hatten. Freilich ist jener Satz nur ein Erfahrungssatz der Palaeontologie, der bisher in seiner Berechtigung ebenso wie andere Ansichten über die palaeontologische Faunistik von einer anderen Schule angezweifelt oder gar verneint werden konnte; nachdem nun aber aus anderen, allgemeineren Gründen das Vorhandensein der alten allgemeinen Fauna erwiesen ist, erhält der Satz und alle aus ihm gezogenen Schlüsse volle Berechtigung.

Die Frage der palaeontologischen Entwickelung mufs aber noch unter einem andern Gesichtspunkt betrachtet werden, nämlich unter dem systematisch-zoologischen. Wäre von jeher die Hauptmasse der Faunen auf der Erde voneinander getrennt geblieben und hätte seine eigene Entwickelung genommen, so müfsten nicht nur die Faunen als ganzes, sondern auch die einzelnen sie zusammensetzenden Tierformen morphologisch immer weiter auseinander gewichen sein; es hätte, wenn dieselben faunistischen Verhältnisse geherrscht hätten wie heutzutage, kein irgendwo entstehender Typus sich in entferntere Faunengebiete, geschweige denn über die ganze Erde hin ausbreiten können; eine einheitliche Weiterentwickelung des Tierreiches hätte es gar nicht geben können, jeder Typus wäre eben in seinem Faunengebiete entstanden und ausgestorben. Da wir aber die verschiedenen Tierkreise, Klassen, Ordnungen, ja zum Teil noch engere systematische Gruppen, wie Familien und Gattungen, heutzutage — in viel höherem Maſse aber in vergangenen Zeiten — über die ganze Erde oder über Räume verbreitet finden, die nach den heutigen Verhältnissen faunistisch für einander verschlossen sind, so ersehen wir, daſs in früheren Zeiten eine gegenseitige Durchdringung aller Faunen, d. h. der gesamten Tierwelt der Erde, stattgehabt haben muſs.

Schlieſslich haben wir für unsere Anschauung von dem früheren Bestehen einer allgemeinen Fauna noch einen Beweis anzuführen, der an sich freilich nicht vollgültig ist, im Anschluſs an die bisher geführten Beweise jedoch eine hohe Bedeutung erhält. Wenn wir die Verbreitung irgend einer jetzt lebenden Gruppe von Tieren bis in das mittlere Tertiär verfolgen, so finden wir ganz allgemein, daſs der Verbreitungsbezirk damals gröſser war; liegen die palaeontologischen Verhältnisse sehr günstig, und können wir die zu betrachtende Gruppe weiter bis in das alte Tertiär und die Kreide zurück verfolgen, so erweitern sich die Verbreitungskreise noch mehr. Bei einer groſsen Zahl jetzt in den tropischen Meeren lebender Typen können wir auf diese Weise eine allgemeine oder fast allgemeine frühere Verbreitung über die Erde nachweisen; bei den Land- und Süſswassertieren kann der Nachweis aber nur bis zur Feststellung *sehr groſser* Verbreitungskreise geführt werden, weil es bisher nur wenige Örtlichkeiten auf der Erde giebt, welche überhaupt palaeontologisches Material an Land- und Süſswassertieren liefern.

Wir haben bereits oben angeführt, daſs bis zu alttertiären Zeiten über den gröſsten Teil der Erde, vor allem der Meere, eine allgemeine Fauna geherrscht hat, deren *Habitus* im groſsen und ganzen derjenige unserer *heutigen Tropenfauna* gewesen ist. Das ist palaeontologisch als erwiesen zu erachten und wird durch die oben angestellten Betrachtungen in seiner Deutung sichergestellt. Während des Tertiärs zieht sich dieser der heutigen Tropenfauna ähnelnde Teil der alten allgemeinen Fauna allmählich von den höheren Breiten zurück, so dafs die Fauna unserer Breiten, um den Ausdruck der Palaeontologen beizubehalten, während des Oligocaens und Miocaens einen subtropischen Charakter annimmt und innerhalb des Pliocaens ungefähr den Habitus erlangt, welchen die Faunen derselben Gegenden heute noch aufweisen. Somit findet sich jener Teil der alten Fauna, welcher als der ganz besonders kennzeichnende und mafsgebende angesehen ist, der ihr die Bezeichnung einer „tropischen" Fauna eingebracht hat, seit pliocaenen Zeiten nur noch zwischen den Wendekreisen; die höheren Breiten zeigen nur noch die Überbleibsel, die „Relikte" der alten Fauna, und zwar in zonenförmiger Anordnung.

Es wird auf diesen Gegenstand in einem späteren Teile der vorliegenden Schrift noch ausführlicher eingegangen werden; es sind hier nur einige Sätze vorweg genommen worden, um den folgenden Abschnitt verständlich zu machen, der für die Auffassung der alten Fauna von allerwesentlichster Bedeutung ist.

Wenn bis zu Anfang des Tertiärs das Bestehen einer allgemeinen gleichartigen Fauna angenommen werden mufste, wenn ihr Verschwinden während des Tertiärs festgestellt werden kann, wenn schliefslich seit dem Pliocaen ein Zustand herrscht, der, wie wir genugsam gesehen haben, gegenüber dem früheren in faunistischer Beziehung als ein durchaus andersartiger bezeichnet werden mufs, so ist es klar, dafs irgend ein die organische Welt in bedeutendem Mafse beeinflussendes Verhältnis sich in einem der Veränderung der faunistischen Verhältnisse entsprechenden Mafse von den alten Zeiten her bis zum Pliocaen verändert, und zwar dem heutigen Zustande auf der Erde genähert haben mufs, so dafs auf diese Weise der heutige Aufbau der Faunen zuwege gebracht ist.

Wir können für unsere nördliche Halbkugel geologisch nachweisen, dafs die Veränderung der alten Fauna in die heutigen faunistischen Verhältnisse sich zonenartig ausdrückte; die allmähliche Weiterverfolgung der geologischen Verhältnisse in die heutigen zeigt uns, dafs die zonenartige Anordnung unserer jetzigen Faunen jenem zonenartigen Rückzuge der alten Fauna ihren Ursprung verdankt. Auf der südlichen Halbkugel können wir vorläufig (vielleicht nie wegen der mangelhaften Entwicklung festen Landes in höheren südlichen Breiten) den Rückzug der alten Fauna nicht feststellen; das Endergebnis aber, nämlich die zonenartige Anordnung der heutigen Faunen, ist für die südliche Halbkugel ebenso fest begründet wie für die nördliche. Hieraus ist mit der gröſsten Wahrscheinlichkeit zu schlieſsen, daſs der Grund jener Veränderung der alten allgemeinen Fauna auf der südlichen Halbkugel derselbe gewesen ist, wie auf der nördlichen; der Umstand aber, daſs bei und nach dem Rückzuge der allgemeinen Fauna auf der nördlichen und südlichen Halbkugel in gleichen nördlichen und südlichen Breiten gleiche oder annähernd gleiche Tierformen zurückgeblieben sind, erhebt jene Wahrscheinlichkeit zur Sicherheit.

Von allen groſsen Verhältnissen, welche das Leben auf Erden betreffen, giebt es nur eines, welches zonenartig wirkt und sich zonenartig ausdrückt, und zwar gleichmäſsig auf der nördlichen wie südlichen Halbkugel, das ist die Erwärmung der Erde durch die Sonne. Somit ist erwiesen, daſs klimatische Veränderungen die Faunenscheidung hervorgerufen haben, daſs die zonenartige Anordnung der Faunen auf Grund der Bildung klimatischer Zonen stattgefunden hat, daſs zur Zeit der annähernd gleichen allgemeinen alten Fauna über die ganze Erde hin ein annähernd gleiches Klima geherrscht hat. Da sich nun bei der Faunenscheidung die Hauptmasse der alten Fauna nicht nach den Polen, sondern im Gegenteil von den Polen zurück nach dem Äquator zu zurückgezogen hat, so ersehen wir ferner, daſs das Klima der mittleren und höheren Breiten seit jenen alten Zeiten ein kälteres geworden ist.

Nachdem wir nunmehr der Lehre von der alten allgemeinen Fauna und dem zu ihrer Zeit herrschenden Klima eine sichere Begründung gegeben haben, handelt es sich darum, uns eine Vorstellung von den wichtigsten Bedingungen jener alten faunistischen Verhältnisse zu machen. Wir sahen oben, daſs der Anfang der zonenartigen faunistischen Gliederung zusammenhing mit der Ausbildung klimatischer Zonen, insofern ein Teil der alten Fauna sich während dieses Vorganges von den höheren Breiten nach den Wendekreisen zurückzog. Daraus ersehen wir, daſs dieser Teil der alten Fauna ein besonders wärmeempfindlicher war, der einer Temperatur-Herabminderung seiner Heimat durch Auswanderung aus dem Wege ging oder aber aussterben muſste. Wenn nun dieser wärmeempfindliche Teil der alten Fauna früher über die ganze Erde verbreitet war, so geht daraus hervor, daſs nirgends auf Erden zur Zeit der allgemeinen Fauna ein Klima geherrscht hat, welches diesen Teil der alten Fauna in seinem Wärmebedürfnisse beeinträchtigt hat; es mufs also ein gleichmäfsiges Klima über annähernd die ganze Erde geherrscht haben, und zwar eines, dessen Klima dem der heutigen Tropen näher stand, als irgend einem anderen der heutigen Klimate; wäre dem nicht so gewesen, so hätte es seit je eine den klimatischen Unterschieden entsprechende Anordnung der Faunen in circumpolaren Zonen geben müssen.

Vergegenwärtigen wir uns nunmehr die Ergebnisse der oben gegebenen Analyse der Bedingungen für Bildung und Umbildung von Lokalfaunen, so werden wir unbedingt zugeben müssen, dafs zur Zeit der alten Fauna sich Spezialfaunen bilden konnten, welche durch grofse örtliche Schranken, d. h. Schranken des Wassers für Landtiere und Schranken des Landes für Wassertiere, abgeschlossen und zu einer eigenartigen Weiterentwicklung gezwungen waren. Wir sahen ferner oben, dafs bei Wegfall der trennenden Schranken auf Grund geologischer Veränderungen derartige Lokalfaunen sich sehr bald wieder in der gemeinsamen Mutterfauna auflösen und somit verschwinden konnten. Da die Zeit der allgemeinen Fauna von recht alten Zeiten bis zum Eocaen währte, so war, wie wir wissen, ausreichende Gelegenheit und Zeit zu geologischen Veränderungen vorhanden, so dafs ohne Zweifel angenommen werden mufs, dafs jede Lokalfauna wieder in dem Schofs der allgemeinen Fauna verschwinden mufste.

Die andere oben betrachtete Art der Bildung von Lokalfaunen auf Grund klimatischer Trennung kann es zu den Zeiten der alten allgemeinen Fauna überhaupt nicht gegeben haben, weil es keine klimatische Unterschiede gab, wenigstens *keine, die so ausgeprägt waren, dafs sie auf die faunistischen Verhältnisse merklich einwirken konnten.*

Es war also zu jenen alten Zeiten die Möglichkeit der Bildung von Lokal- und Spezialfaunen nicht ausgeschlossen, ihre Anzahl aber und ihre Aussicht auf lange Dauer gering; andrerseits ergaben die gleichen klimatischen Verhältnisse die *Möglichkeit* einer völlig gleichen faunistischen Ausbildung auf der ganzen Erde. Dafs diese *Möglichkeit* nun aber zu jedem Zeitpunkte auch zur *Wirklichkeit* geworden ist, kann damit noch nicht behauptet werden, ist sogar nicht einmal wahrscheinlich, da ja jeder irgendwo sich bildende Typus eine immerhin beträchtliche Zeit nötig hatte, um sich Platz auf der ganzen Erde zu erobern; die Ausbreitung neuer und das Aussterben alter Formen hatte also mit Raum und Zeit zu rechnen. Somit wird die alte Fauna überall Schattierungen ihrer Zusammensetzung gezeigt haben; diese waren aber ganz anderer Natur, als die durch Lokalfaunen gegebenen; sie waren in stetem Flufs und konnten jeden Augenblick wieder verschwinden.

Jetzt erblicken wir auch die Möglichkeit der Versöhnung zwischen den Ansichten jener Palaeontologen, welche für und gegen die Annahme einer allgemeinen Fauna sind. Die Gegner behaupten mit Recht, dafs es zu jenen alten Zeiten Lokalfaunen gegeben hat; die Fauna der Hippuriten- und Nummulitenkalke, der Pontischen Stufe u. s. w. sind ja bekannt genug; wir sahen aber, dafs die allgemeine Ausbildung und Weiterbildung der alten universellen Fauna dadurch nicht im mindesten gestört wurde. Wenn aber die Gegner die Existenz von Klimenfaunen in vortertiären Zeiten behaupten, so dürfte diese Deutung eine irrige sein; die Unwahrscheinlichkeit derselben ist jetzt nicht mehr Sache der Annahme und des Glaubens, sondern bewiesen. Andrerseits mag es auch der Fall gewesen sein, dafs die Anhänger der Annahme einer alten allgemeinen Fauna sich dieselbe an jedem Ort und zu jeder Zeit gleichmäfsiger vorgestellt haben, als es in der That der Fall gewesen ist. Jedenfalls genügt die Art von Gleichmäfsigkeit und allgemeiner Entwicklung, wie wir sie soeben als wahrscheinlich angenommen haben, vollständig für die Erklärung der heutigen faunistischen Verhältnisse (wie die späteren Abschnitte zeigen werden), und dies war ja überhaupt der Grund, den wir hatten, auf die Frage einzugehen.

Der von den Gegnern der alten allgemeinen Fauna gemachte Einwand, die Tiere von allgemeiner Verbreitung wären keine Ufertiere, sondern Bewohner des offenen Meeres und der Tiefsee, wird nunmehr vorläufig gegenstandslos. Das Bestehen der alten allgemeinen Fauna ist bewiesen; wenn es damals Bewohner der Tiefsee und des offenen Meeres gegeben hat, so hatten sie selbstverständlich universelle Verbreitung und änderten das allgemeine faunistische Verhältnis nicht; was aber die Vertreter der scheinbar exakten, sich auf die Verhältnisse der Jetztzeit stützenden Methode vergessen haben zu beweisen, ist, dafs es zu den Zeiten der allgemeinen Fauna eine pelagische und eine Tiefentierwelt gegeben hat, und ferner, dafs die Tiere, welche sie für pelagische und Tiefentiere ansprechen, wirklich auch solche gewesen sind. Dafs solche biologischen Beweise auf Grund der heutigen zoologisehen Verhältnisse überall da, wo eine kritische Analyse mangelt, zu anfechtbaren oder Fehlschlüssen führen, sahen wir bereits bei der Besprechung der Verhältnisse der Lokalfaunen; wenn überhaupt die Frage für oder wider die allgemeine alte Fauna nicht hat zum Austrage kommen können, so war es gerade die soeben gerügte fehlerhafte Methode, welche zu überall anfechtbaren Schlüssen führte. Das Eingehen auf die betreffenden Einzelheiten kann den Leser einer allgemeinen Arbeit nicht anmuten; im folgenden werden wir genügend Gelegenheit haben, die ausgesprochene Behauptung bewahrheitet zu finden.

Es erübrigt jetzt noch, uns eine genauere Vorstellung von den klimatischen Verhältnissen zur Zeit der alten allgemeinen Fauna zu machen. Wir sahen bereits aus der Gesamtheit aller oben angeführten Beweisgruppen, dafs jenes Klima sich in tropischer Wärme über die ganze Erde ausdehnte, ohne wahrnehmbare Ausbildung von Klimazonen. Wir können uns auch eine ungefähre Vorstellung von der absoluten Temperaturhöhe machen auf Grund des damaligen Vorkommens der Riffkorallen in hohen Breiten. Man hat diesem Gesichtspunkt entgegengesetzt, dafs das Wärmebedürfnis der Korallen zu jenen Zeiten möglicherweise ein geringeres gewesen ist, und diesen Einwand konnte man gerechterweise machen, so lange das Bestehen eines tropischen Klimas vorwiegend aus dem tropischen Habitus der alten Fauna geschlossen wurde; die Gründe aber, welche wir aus der Gleichheit der heutigen Faunen höherer nördlicher und südlicher Breiten herholten, haben uns gezeigt, dafs die Tiere, welche jetzt diese Bezirke inne haben, zu jenen Zeiten gerade ebenso über die ganze Erde verteilt waren, wie diejenigen, welche jetzt innerhalb der Wendekreise wohnen. Vielmehr war es das allmähliche zonenartige Zurückweichen bestimmter Elemente der alten Fauna von höheren nach niederen Breiten, welche uns das Recht gab, diese Elemente als besonders wärmebedürftige Formen anzusprechen, und welche uns zeigen, dafs gerade diese Formen ihr Wärmebedürfnis nicht v e r ä n d e r t, sondern b e i b e h a l t e n haben. Also sind in der That die biologischen Verhältnisse der heutigen Tropentiere auf deren Vorfahren anwendbar. Die Tiere aber, über deren Wärmebedürfnis wir ziffermäfsige Angaben haben, sind in erster Linie die Riffkorallen, deren heutige Verbreitung zeigt, dafs sie zu ihrem Fortkommen eine das ganze Jahr hindurch annähernd gleichmäfsige, nicht unter 20° C. niedrigste Wintertemperatur sinkende Wärme nötig haben.

Die merkwürdigen Ergebnisse, welche das Studium der fossilen Floren hochnordicher Gegenden ergeben hat, dürfen hier nicht unerwähnt bleiben. Abgesehen von den Versteinerungen aus der Kohlezeit kennt man jurassische und vor allem Kreidefossilien von Spitzbergen, Grönland und Grinnel-Land, welche durchaus tropischen Formen ähneln; im Tertiär geht der Habitus jener alten Faunen in den der heutigen wärmeren gemäſsigten Länder über. Das Aussterben bezw. Auswandern dieser Formen aus hochnordischen Gegenden und ihre zonenförmige Anordnung heutzutage beweist, wie bei den Tieren, daſs sie wärmeempfindlich waren und durch die Herabminderung des Klimas aus ihren hochnordischen Wohnstätten vertrieben wurden. Wir haben also auch hier alle Berechtigung, die heutigen Lebensverhältnisse dieser Gruppen als gleich mit den früheren anzusehen. Dann hat aber auch auf Grund der botanischen Beweise die Polargegend bis zu Kreidezeiten tropisches und während der Tertiärzeiten ein allmählich abkühlendes Klima besessen.

Besonders die biologischen Verhältnisse der Pflanzen zeigen, daſs es sich für die alten Verhältnisse nicht etwa bloſs um warme Sommer gehandelt hat, sondern um ein Klima, welches nur geringe Ausschläge innerhalb der einzelnen Jahreszeiten aufwies. Ganz dasselbe beweisen die Riffkorallen auf Grund ihrer heutigen Wärme-Empfindsamkeit, und es ist anzunehmen, daſs die von den Riffen abhängige Tierwelt sich in dieser Hinsicht nicht anders verhielt.

Wir müssen uns also das Klima der Erde zur Zeit der allgemeinen Fauna als ein den heutigen Tropen an Wärme entsprechendes vorstellen, ohne bemerkbare Unterschiede in den verschiedenen Breiten und ohne groſse Unterschiede zwischen Sommer und Winter, selbst in hohen Breiten.

Eine solche Vorstellung widerstrebt dermaſsen unseren gewohnten Anschauungen, daſs die verschiedenartigsten Anstrengungen gemacht sind, die — wirklichen oder scheinbaren — Absonderlichkeiten zu lösen.

Zunächst hat besonders eine neuere Schule der Geologie — ich führe hier vor Allen Melchior Neumayr an — nachzuweisen gesucht, daſs der tropische Habitus der alten Faunen und Floren in den meisten Fällen nicht erwiesen oder gar bestimmt nicht vorhanden war, daſs das Wärmebedürfnis der Tiere und Pflanzen sich geändert haben kann, daſs seit den ältesten Zeiten Klimazonen auf Erden entwickelt gewesen seien und dergleichen mehr.

Es mag wohl möglich sein, dafs zu sehr alten Erdzeiten all diese Annahmen ihr volles Recht hatten; das geht unsere Untersuchung jedoch nicht an; wir beschäftigen uns nur mit der Herleitung der **heutigen** faunistischen Verhältnisse, deren Wurzeln bis über die Kreide hinweg nur bis in die jurassischen Zeiten greifen. Seit diesen Zeiten gelten aber nicht nur die palaeontologischen nnd geologischen Anschauungen; sondern, wie wir gesehen haben, sind es gerade die zoogeographischen, welche die Hauptbeweiskraft für die faunistischen Verhältnisse jener Zeiten dargeboten haben. Danach ist aber, wie wir oben ausführlich gesehen haben, diese Gruppe von Einwänden nicht berechtigt.

Andere haben versucht, durch die Annahme von gewaltigen Veränderungen in den grofsen physikalischen Bedingungen der Erde die Absonderlichkeit der Vorstellung jenes allgemeinen tropischen Klimas älterer Erdzeiten näher zu legen.

Zunächst wurde dabei an eine Veränderung in der Schiefe der Ekliptik der Erdbahn gedacht, d. h. an eine Veränderung des Winkels, den die Erdaxe zu ihrer Bahn um die Sonne inne hat. Geringe säkulare Schwankungen dieses Verhältnisses nehmen die Astronomen und Geophysiker auch wirklich an, um so schärfer aber weisen sie gröfsere Abweichungen dieser Art ab. Aufserdem bringen diese Veränderungen nur relative Verschiebungen in dem Umfange der einzelnen Zonen hervor. Des ferneren ist die Hypothese aufgestellt worden, dafs sich die Rotations-Axe der Erde verändert hat. Eine solche Veränderung wird von den Astronomen für so gut wie unmöglich erachtet, und mit diesem Bescheide stimmen überein die Ergebnisse der geologisch-palaeontologischen Forschung. Wenn die Rotation der Erde um eine andere Axe stattfindet, so fallen die Pole und zum grofsen Teil sämtliche andere Zonen in andere Gegenden der Erde. Waren nun im übrigen die Verhältnisse der Erde die gleichen wie heute, so mufsten all die tropischen Formen irgend einer früheren Erdperiode auch wirklich zwischen den damaligen Wendekreisen gelebt haben; dann kann man sich aus der Lage der Tropen stets die Lage der Pole oder wenigstens die ungefähre Lage der Polarzone konstruieren, und hier mufste man dann notwendigerweise nur Formen erwarten, wie sie auch heutzutage jenseits der Polarkreise vorkommen. Diese Untersuchungen sind in der That angestellt; sie ergaben aber, dafs — mag man die Erdaxe und Pole konstruieren, wie man wollte — zu denselben Zeiten in den Gegenden, die den Tropen und den Polarzonen entsprochen hätten, die gleiche Tierwelt gelebt hat. Damit ist die Annahme einer oder mehrerer während der geologischen Entwickelung der Erde stattgehabten Veränderungen der Rotationsaxe als abgethan zu betrachten.

Ein scheinbar sehr nahe liegender Gedanke ist es, anzunehmen, dafs von den Zeiten ab, als Leben auf der Erde auftrat, bis zu spättertiären Zeiten die Eigenwärme der Erde sich vermindert hat. Diese Annahme aber ist, wie besonders WILL. THOMSON gezeigt hat, völlig hinfällig; selbst wenn das feurig-flüssige Erdinnere bis dicht unter die Oberfläche der Erde reichte, so würde die dadurch erzeugte Erwärmung der Erdoberfläche und Atmosphäre so gut wie nichts ausmachen gegenüber der Erwärmung derselben durch die Sonne.

Eine dritte Hypothese ist, dafs unser ganzes Sonnensystem auf seinem Wege durch das Weltall durch verschieden erwärmte Himmelsräume gekommen wäre. Eine solche Annahme würde Denen besonders zu Hülfe kommen, welche für sehr alte Zeiten der Erde, z. B. für die Kohle, nicht ein sehr warmes allgemeines Klima annehmen mögen. Die Abkühlung der Erdoberfläche von den jurassischen bis zu den spättertiären Zeiten würde dann durch ein allmähliches Wandern unseres Sonnensystems aus einer wärmeren in eine kältere Stelle des Weltraumes zu erklären sein. Diese Hypothese hat gewifs manches für sich; leider aber erklärt sie nur die Abnahme der absoluten Wärmemenge auf der Erdoberfläche, nicht dagegen den aufserordentlich geringen Unterschied der Klimate zur Zeit der alten allgemeinen Fauna. Schliefslich ist es auch wohl erst dann nötig, die — völlig willkürlichen — Verhältnisse aufserhalb unseres Sonnensystems zu Hülfe zu nehmen, wenn die Kräfte innerhalb desselben durchaus nicht mehr ausreichen.

Innerhalb unseres Sonnensystems bleibt nun aber nur mehr ein Faktor übrig, der für die Abnahme der Temperatur auf der Oberfläche der Erde in Anspruch genommen werden kann, das ist die Abnahme der Sonnenwärme. Diese Anschauung widerstrebt durchaus nicht unseren Vorstellungen von den physikalischen Verhältnissen des Sonnensystems; aufserdem haben sich die ersten Fachleute, darunter die schon oben angeführte Autorität eines WILLIAM THOMSON, dafür ausgesprochen. Auch diese Hypothese scheint auf den ersten Blick den Mangel der Klimazonen in den Zeiten der alten Fauna nicht erklären zu können; denn wenn die Erwärmung der Erde durch die Sonne früher stärker war, so sollte man annehmen, dafs alle Zonen freilich stärker erwärmt wurden, aber doch nicht verwischt werden konnten. Diese Schwäche der Hypothese ist aber nur eine scheinbare, wie die folgende Erörterung zeigen wird.

Es ist eine bekannte Thatsache, dafs für das Klima einer Gegend nicht nur die geographische Breite und damit die Stärke der Bestrahlung durch die Sonne mafsgebend ist, sondern ganz wesentlich auch das Verhältnis von Land und Wasser. Wir können der Darlegung dieser Verhältnisse keinen klareren und zugleich kürzeren Ausdruck verleihen, als indem wir die klassischen Ausführungen HANN's *) folgen lassen:

„Die grofse Durchgängigkeit der trockenen Luft für die Sonnenstrahlen ist der Grund, weshalb ihr dieselben direkt nur wenig Wärme mitteilen können. Nur die von einem Medium absorbierten Wärmestrahlen sind es, die dessen Temperatur erhöhen, die durchgelassenen Strahlen bleiben wirkungslos. Die Wärme, welche die Luft an der Erdoberfläche und in den unteren Schichten besitzt, ist darum nur zum kleineren Teile die Folge einer direkten Erwärmung durch die Sonnenstrahlen, der gröfsere Teil stammt vielmehr von dem Erdboden her, der die Sonnenstrahlen fast ganz absorbiert, sich rasch dadurch erwärmt und dann seine Wärme den auflagernden Luftschichten mitteilt. Die Atmosphäre wird also zumeist von unten erwärmt und die Temperatur mufs schon deshalb in der Höhe abnehmen. Die Luft auf Bergen mufs kälter sein, als in der Niederung, obgleich die Sonnenstrahlen dort oben, sobald sie auf einen sie absorbierenden Körper auffallen, viel wirksamer sind als in der Tiefe."

„Eine weitere Konsequenz dieses physikalischen Verhältnisses wird ferner darin bestehen, dafs die Wärme der Atmosphäre abhängig ist von der Beschaffenheit des Grundes, auf dem sie ruht. Der trockene feste Boden erwärmt sich rasch unter der Einwirkung der Sonne, Wasser viel langsamer, und es gehört eine circa zweimal so grofse Wärmemenge dazu, um das gleiche Volumen Wasser auf dieselbe Temperatur zu bringen wie die trockenen Bodenbestand-

---

*) Hann, Hochstetter u. Pokorny, Allgemeine Erdkunde, 1886. Grofse Ausgabe p. 90 ff; kleine Ausgabe p. 73 ff.

teile. Dazu kommt noch, dafs mit der steigenden Temperatur die Verdunstung an der Wasseroberfläche zunimmt, zur Verdunstung wird aber eine grofse Wärmemenge verbraucht, welche daher dem Wasser entgeht. Dem zufolge mufs sich die Luft über dem Lande viel rascher erwärmen, als über Wasserflächen, und auf einem Breitegrad, der zum Teil vom Festland, zum anderen Teil vom Meere eingenommen wird, dürfen wir nun nicht mehr dieselbe Luftwärme voraussetzen."

„Die Wärme, welche die Erdoberfläche und die Atmosphäre von der Sonne erhalten, wird aber nicht fortwährend in derselben angesammelt, weil der erwärmte Boden und die Atmosphäre beständig wieder Wärme in den kalten Weltraum ausstrahlen. Der Wärmezustand der Atmosphäre ist jederzeit nur die Differenz zwischen dem Wärmezuwachs durch die Sonnenstrahlung und dem Verluste infolge der Ausstrahlung. Bei Tage überwiegt die Wärmezunahme durch Insolation, die Temperatur steigt mit der höher steigenden Sonne, bis um die Nachmittagsstunden die wieder sinkende Sonne endlich weniger Wärme spendet, als durch Strahlung verloren geht. Von diesem Moment an sinkt die Temperatur wieder, und bei Nacht dauert der Wärmeverlust ohne einen Ersatz fort bis zum Sonnenaufgang, weshalb um diese Zeit die tiefste Temperatur eintritt. In derselben Weise überwiegt im Sommer bis über die Zeit des höchsten Sonnenstandes hinaus die Wärmezunahme, im Winter bis über das Solstitium hinaus der Wärmeverlust durch Ausstrahlung."

„Dieser Wärmeverlust ist aber verschieden nach der Durchsichtigkeit (genauer der Durchwärmigkeit, Diathermanität) der Atmosphäre. Die wichtigste Funktion der Atmosphäre besteht aber darin, dafs sie die von der Sonne ausgehenden Strahlen leichter durchläfst, als die Wärmerückstrahlung der Erdoberfläche, sie ist in höherem Grade diatherman gegen die leuchtende Strahlung der Sonne, als gegen die dunkle Strahlung der erwärmten Erdoberfläche. Dadurch wird eine Aufspeicherung der Sonnenwärme in den untersten Luftschichten ermöglicht und eine höhere mittlere Temperatur erzielt, als sie ohne die Atmosphäre möglich wäre. Eine trockene dünne Luft läfst aber die Wärme rascher entweichen, eine feuchte dichte Luft vermindert dagegen den Wärmeverlust beträchtlich; eine dicke Wolkendecke, Nebel verhindern ihn fast vollständig. Die Lufthülle wirkt im Sommer temperaturerniedrigend, im Winter temperaturerhöhend oder besser wärmebewahrend, sie gleicht den Unterschied der Jahreszeiten mehr oder weniger aus. Wir wissen also jetzt, dafs auf einem und demselben Breitegrade, obgleich ihm die Sonne in allen seinen Teilen dieselbe Wärmemenge zusendet, nicht dieselbe Luftwärme herrschen kann, wenn er teils grofse Meere, teils grofse Länderstrecken durchschneidet."

„Über den Landflächen mufs im Sommer die Erwärmung rasch vor sich gehen, langsam hingegen über den Wasserflächen und den angrenzenden Küsten. Aber in demselben Verhältnis geht im Winter die Erkaltung vor sich. Der feste Boden verliert seine Wärme rasch durch Wärmeausstrahlung, grofse Wassermassen hingegen erkalten an ihrer Oberfläche sehr langsam, und zwar aus zwei Ursachen, erstlich infolge ihrer grofsen spezifischen Wärme, dann weil die erkalteten Schichten zu Boden sinken und wärmere dafür beständig zur Oberfläche emporsteigen. Dazu kommt noch die verschiedene Beschaffenheit der Atmosphäre, welche über grofsen Landflächen trocken und hell ist, über grofsen Wasserflächen stets feucht und trüb. Dieser Umstand wirkt in dem gleichen Sinne: temperaturerniedrigend im Sommer, wärmebewahrend im Winter über den Ozeanen und Küstenländern; gerade umgekehrt aber ist die Wirkung auf den Landflächen. Dadurch entsteht ein schroffer Gegensatz zwischen den Wärmeverhältnissen der Inseln und Küsten und jenen im Innern der Festländer."

Versuchen wir nunmehr, uns auf den Grund der gewonnenen Erkenntnis über die Verhältnisse des ozeanischen Klimas vorzustellen, wie ein solches bei Annahme einer etwas stärkeren Bestrahlung der Erde durch die Sonne zu den Zeiten der allgemeinen Fauna aufgetreten sein dürfte.

Die stärkere Bestrahlung machte 1) das Wasser auf der ganzen Erde wärmer; 2) die gröfsere Wärme des Wassers vermehrte seine Dunstspannung; es befand sich also sehr viel mehr Wasserdampf in der Luft über dem Wasser; infolgedessen war die Ausstrahlung der Wärme des Wassers eine sehr viel geringere; 3) dem Wasser konnte nach unten keine Wärme entzogen werden, da das Tiefseewasser nicht, wie heute, kalt, sondern warm war. Das Wasser der Tiefsee ist das polare Wasser, welches sich auf dem Boden des Ozeans ansammelt; der Temperatur des polaren Wassers verdankt es seinen eigenen Wärmegrad. Wenn aber, wie wir annehmen müssen, das polare Wasser zur Zeit der alten ungeteilten Fauna eine nach unsern heutigen Begriffen tropische Wärme hatte, so mufste das Tiefseewasser eine dem entsprechende, also kurz gesprochen, gleichfalls tropische Temperatur haben.

Es wirkte also die stärkere Bestrahlung des Wassers zu jenen alten Zeiten nicht nur mit einem einfachen Plus auf die Temperatur des Wassers, sondern die weit geringere Möglichkeit der Abgabe von Wärme multiplizierte das ursprüngliche Quantum mit einer Zahl, die bei Annahme ungefährer Werte wohl annähernd auszurechnen sein dürfte.

Das Mittel, durch welches wärmeres Wasser aus den warmen Zonen in die kalten geführt wird, sind die äquatorialen Strömungen, deren Wirkung auch jetzt bis in recht hohe Breiten festzustellen ist. Nun wurde zu jenen alten Zeiten nicht nur stärker erwärmtes, mit sehr viel geringerer Abkühlungsmöglichkeit ausgerüstetes Wasser in höhere Breiten getragen, sondern die höheren Breiten hatten durch die oben angegebenen Verhältnisse auch ihrerseits schon eine höhere Wassertemperatur und eine geringere Wärmeausstrahlung nach oben und unten. Also wurde das tropische Wasser auch auf seinem Wege von niederen nach den höheren Breiten ganz aufserordentlich viel weniger abgekühlt, als es heute geschieht.

Berücksichtigt man die vielen Verhältnisse, welche alle eine Abkühlung des Wassers im allgemeinen und des in höhere Breiten getragenen Tropenwassers vermindern, so fangen wir in der That an, jene tropisch-warmen Klimate der hohen Breiten zu verstehen. Es ist vielleicht möglich, rechnerisch diese Voraussetzungen noch wahrscheinlicher, vielleicht überzeugend zu machen, und es dürfte sich herausstellen, dafs die Abnahme der Bestrahlung der Erde durch die Sonne nur eine ganz geringe gewesen zu sein braucht.

Man wird hier einwerfen können, dafs wenn warme, nach den Polen gerichtete Strömungen vorhanden waren, diesen umgekehrt auch kalte, nach dem Äquator zu gerichtete Strömungen entsprechen mufsten; dafs es also dadurch grofse Flächen sehr gemäfsigten Klimas und andrerseits die Möglichkeit der Bildung einer ziemlich kalten Tiefsee gegeben habe. Diese Frage ist für einen Zoologen nicht zu lösen; nur die kritische Analyse eines Thalassographen von Fach kann hier zur Entscheidung führen. Die palaeontologischen Funde sprechen im allgemeinen dafür, dafs wir bedeutende Unterschiede klimatischer Natur in den höheren Breiten der *älteren Zeiten nicht* gehabt haben; freilich dürfte sich der Vorgang der Faunenscheidung zu *tertiären Zeiten* an den Stellen, die den äquatorwärts gerichteten Strömungen entsprachen, viel eher gezeigt haben. Die Schwierigkeit der klimatischen Deutung jener in das Gebiet des nördlichen pazifischen Ozeans gehörigen Örtlichkeiten wird noch dadurch erhöht, dafs sich auf der Westküste Amerikas, trotzdem sie durch alle Breiten streicht, eine ziemliche einheitliche Fauna von nordischem Habitus (s. darüber pag. 38) entwickelt hat, dafs also palaeontologische Funde von nordischem Habitus im Gebiete des nördlichen Stillen Ozeans nicht ohne weiteres einen Schlufs auf das Klima früherer Zeiten gestatten.

Nehmen wir jetzt die Ansicht der Geologen, dafs in den uns angehenden geologischen Zeiten, besonders in unsern gemäfsigten und nordischen Gegenden, Kontinente nicht vorhanden gewesen sind, sondern dafs ein viel beschränkteres Auftreten festen Landes in Gestalt von Archipelen geherrscht hat, so trägt die Annahme der Ausbreitung eines ziemlich allgemeinen, warmen ozeanischen Klimas über die ganze Erde sowohl den allgemein geophysikalischen, wie den historisch-geologisch gegebenen Verhältnissen soweit Rechnung, dafs das Absonderliche und Unbegreifliche der alten klimatischen Verhältnisse unserer Erde für unsere Anschauung fast oder ganz verschwunden sein dürfte.

Dafs selbst zu jenen Zeiten ein gröfserer sich bildender Kontinent kontinentales Klima entwickeln, dafs dadurch und durch die Gebirgsverhältnisse auch damals lokal Örtlichkeiten auftreten konnten, an denen es recht kalt sein konnte, läfst sich kaum bezweifeln; deshalb haben wir hier auch gar keinen Grund, auf die Vergletscherungen einzugehen, die aus jenen und früheren Zeiten durch die Geologen nachgewiesen sind.

Es ist im bisherigen Verlaufe unserer Untersuchung meist nur in sehr unbestimmten Ausdrücken von dem geologischen Zeitpunkt geredet, zu dem sich die alte allgemeine Fauna in die klimatischen Kategorieen der neuesten Erdperiode zu scheiden begann. Genaue Angaben über die einzelnen Zeitpunkte dieses Vorganges werden sich wahrscheinlich gerade unter Anwendung der in dieser Schrift befolgten Methode durch die palaeontologisch-geologische auf der einen und durch die vergleichend zoogeographische Methode auf der andern Seite ermitteln lassen. Im allgemeinen kann auf Grund der bisher vorliegenden palaeontologischen Deutungen gesagt werden, dafs die Faunenscheidung in den höchsten Polargegenden innerhalb der Kreidezeit begann, dafs aber Spuren derselben vielleicht auch in die Jurazeit zurückgreifen; in den gemäſsigten Zonen, also etwa bei uns in Mitteleuropa, hat wohl während der älteren tertiären Zeiten noch die ungeteilte allgemeine Fauna geherrscht, gegen deren Ende dann die klimatische Faunenbildung immer deutlicher wird. In der jüngsten Tertiärzeit haben, soweit es die Meeresfauna betrifft, annähernd die heutigen Verhältnisse bestanden. Die Vergletscherungen von Mitteleuropa am Schluſs der Tertiärzeit berühren unser Thema gar nicht, da die dadurch bewirkten Vorstöſse der arktischen Fauna nach dem Aufhören der Vergletscherungen sich wieder nordwärts zurückzogen mit Hinterlassung von Relikten, die ebenso zu verstehen sind und ebenso für die klimatischen Verhältnisse ihrer Zeit sprechen, wie die übrigen in diesem, wie in den folgenden Abschnitten behandelten Relikte. Auſserdem soll die vorliegende Arbeit nicht auf lokale Erscheinungen selbst gröſsten Stiles eingehen.

Zweites Stück.

Die Litoralfauna.

Die Litoralfauna, d. h. die Fauna der Uferbezirke, ist die gemeinschaftliche Mutter aller übrigen; in systematisch-zoologischer Hinsicht leiten sich die Typen aller übrigen Faunen des Meeres und des süfsen Wassers von ihr ab, und ebenso hängen alle auch heutzutage örtlich mit ihr zusammen; die historische, erdgeschichtliche Herleitung der einzelnen Faunen aus den alten Litoralfaunen ist der Hauptpunkt der Betrachtungen des vorliegenden Aufsatzes.

Es ist von wesentlicher Seite, z. B. von MOSELEY, die pelagische Tierwelt als die Stammfauna aller übrigen angesprochen worden, und zwar aus dem Grunde, weil die Ufertiere pelagische Jugendzustände besitzen, diese aber das phylogenetisch ältere Stadium darstellen. Dieser Gedanke hat aber den freilich häufig begangenen Fehler, physiologische Verhältnisse ohne weiteres morphologisch zu verwerten. Im Gegenteil: der Umstand, dafs die pelagischen Larven sich später zum litoralen Leben wenden und zwar wenden müssen, wenn sie nicht untergehen wollen, zeigt, dafs das Litoral der günstigere Platz für die Entwickelung des Meereslebens ist. Dann fragt man sich aber befremdlich, wie es wohl möglich war, dafs diese nach allen unsern Erfahrungen für die Entwickelung der Mannigfaltigkeit des Tierlebens günstigsten Plätze leer standen, während sich das eigentliche Tierleben zu den alten Zeiten auf dem hohen Meere abspielte. Ganz abgesehen aber davon entkleiden unsere neueren entwickelungsgeschichtlichen Ergebnisse eine dieser pelagischen Larven nach der andern ihres morphologischen, phyletischen Wertes und stellen sie als Anpassungen von Jugendstadien an das pelagische Leben hin.

Mag nun auch die pelagische Tierwelt in ihrer Masse die litorale weit überragen, so setzt sie sich doch aus einer recht geringen Anzahl von Formen zusammen, die wir nach ihren morphologischen Merkmalen nur von Ufertieren ableiten können. Die Wale, die pelagischen Fische, die Hochsee-Mollusken aus den Gruppen der Dintenfische, Pteropoden und Heteropoden, die pelagischen Krebse, Würmer und Coelenteraten wird so leicht Niemand für die Stammeltern ihrer litoralen Verwandten halten, während ihre Herleitung von Ufertieren, mag sie auch nicht immer im einzelnen fraglos festgestellt sein, im allgemeinen ein befriedigendes Ergebnis liefert.

Dafs die Tierwelt der Tiefsee, des Brackwassers und Süfswassers von der Litoralfauna abzuleiten ist, dürfte wohl kaum einem Zweifel begegnen.

Der örtliche Zusammenhang aller Faunen des Wassers mit der Litoralfauna ist so bekannt, dafs er hier nur angedeutet zu werden braucht. Die pelagischen Larven und die subpelagischen Tiere verbinden die pelagische Tierwelt mit der des Litorals; die Brackwassertiere und die wandernden Formen, besonders aus den Gruppen der Fische und Krebse, führen die Tiere der Uferwelt allmählich in die des süfsen Wassers über; in den höchsten Breiten der Erde hängt schliefslich die Tierwelt der Tiefsee völlig mit der der arktischen und antarktischen Uferzone zusammen; hier steigen Tiere, die in niederen Breiten nie die grofsen Tiefen verlassen, in das flachste Wasser hinauf und eine grofse Anzahl von Tieren aus Gruppen, die sonst nie das flache Wasser verlassen, steigen in Tiefen, die sonst nur von echten Tiefseetieren bewohnt werden.

Es dürfte somit gerechtfertigt erscheinen, den eigentlichen Gegenstand der vorliegenden Arbeit, nämlich der geschichtlichen Herleitung der heutigen Faunen, mit der Besprechung der Tierwelt des Ufergebietes zu beginnen.

Den ersten Teil dieses Abschnittes, nämlich die Darlegung der alten, allgemeinen vortertiären Litoralfauna haben wir als die gemeinsame Grundlage aller in vorliegender Schrift zu erwartenden Ergebnisse bereits vorweg genommen, indem wir ihr das ganze erste Stück widmeten. Ebenda haben wir auch bereits erörtert, wie im Tertiär der Charakter der allgemeinen Ausprägung der alten Fauna allmählich verloren ging auf Grund der Bildung klimatischer Unterschiede, welche die wärme-empfindlichen Tiere dazu zwang, sich in zonenförmig entwickelten Faunenbezirken anzuordnen.

Unter dem Einfluſs der allmählich abnehmenden Temperatur fing also die allgemeine Fauna an, sich ebenso allmählich aus den hohen Breiten zurückzuziehen. Diejenigen Tiere, welche die Abnahme der Wärme ertragen konnten, blieben auf ihren alten Wohnsitzen, die andern gingen entweder zu Grunde oder wanderten äquatorwärts aus. So zog sich die alte allgemeine Fauna immer weiter zusammen, bis sie seit spättertiären Zeiten auf ihrem jetzigen Wohnsitz innerhalb der Wendekreise angelangt ist. Es müssen also all die nun entstandenen faunistischen Differenzen zonenartig, also circumpolar, angeordnet sein, und zwar sind die Relikte um so älter und unterscheiden sich um so mehr von der jetzt auf die Zone innerhalb der Wendekreise beschränkten allgemeinen Fauna, je weiter sie vom Aequator entfernt sind. Ebenso müssen sich gleichaltrige Zonen auf der nördlichen und südlichen Halbkugel entsprechen; da ferner die alte Fauna über die ganze Erde hin gleichmäſsig entwickelt war, die gleiche Ursache aber — nämlich die Abkühlung — auf das annähernd gleiche zoologische Material annähernd gleich wirken muſste, so ist es anzunehmen, daſs in gleichen Breiten der nördlichen und südlichen Halbkugel gleiche oder annähernd gleiche Relikte zurückblieben, d. h. also, ganz theoretisch betrachtet werden die arktische und antarktische, die boreale und notiale, die nördliche und die südliche gemäſsigte Zone unter sich eine groſse Ähnlichkeit aufweisen, trotzdem sie räumlich durch alle äquatorwärts dazwischen liegenden Faunengebiete von einander getrennt sind.

Im allgemeinen entspricht das thatsächliche Bild dieser theoretischen Forderung, doch ergeben sich im einzelnen erhebliche Einschränkungen.

Die ausgesprochene Circumpolarität der arktischen Fauna, d. h. ihre annähernd gleiche Zusammensetzung auf jedem Längengrade in der ganzen Weite ihres Bereiches, ist eine lange erkannte und oft behandelte Wahrheit. Die Circumpolarität der antarktischen Fauna ist sehr viel geringer, aber deutlich vorhanden; man sieht übrigens hieraus, daſs verbindende Landmassen, welche jetzt im hohen Süden fehlen, auch zur Zeit der Bildung der antarktischen Fauna nicht in wesentlichem Maſse vorhanden gewesen sind. Ferner ist die Ähnlichkeit der arktischen und antarktischen Fauna, obgleich sie durch die ganze Länge der Erde voneinander getrennt sind, eine so aufserordentliche, dafs sie schon vor Zeiten das billige Erstaunen der Zoologen erregt hat; nur hielt man die Ähnlichkeit für eine rein äufserliche, erworbene, für gleiche Anpassung an gleiche Verhältnisse, während wir diese Ähnlichkeit als eine wirkliche und innerliche, auf Blutsverwandtschaft beruhende ansehen müssen. Es sind nicht nur eine gröfsere Anzahl von Familien ganz oder fast ganz auf die polaren Zonen beschränkt, es unterscheiden sich vielmehr die vikariierenden Arten der gleichen Gattungen nur durch untergeordnete Merkmale, ja es giebt eine nicht unbeträchtliche Anzahl von Arten, namentlich unter den Amphipoden, Mollusken, Sipunculiden, Bryozoen und Hydroiden, die man nicht zu unterscheiden vermag, mögen sie aus dem hohen Norden oder aus dem hohen Süden stammen, während man sie in den dazwischenliegenden Zonen vergeblich suchen würde.

Die boreale und ihr Gegenstück, die notiale Fauna, d. h. die Faunen der kälteren gemäfsigten Zonen, schliefsen sich völlig an die arktische und antarktische an, besonders in der aufserordentlichen gegenseitigen Ähnlichkeit des Nordens und Südens; dagegen ist die Circumpolarität schon viel schwächer ausgebildet, vornehmlich natürlich im Süden. Von einer irgendwie ausgeprägten Ähnlichkeit der nördlichen und südlichen gemäfsigten Zone kann dagegen kaum noch geredet werden, dagegen finden sich auf der nördlichen wie südlichen Halbkugel Anzeichen einer Circumpolarität, die bereits des mehreren, besonders von GÜNTHER, v. MARTENS und SLADEN, hervorgehoben, wenn auch nicht in ihrem eigentümlichen Werte gedeutet worden sind. Hierher gehören die eigentümlichen Gleichheiten, besonders der Fisch- und Echinodermenfauna, der gemäfsigten Ost- und Westküste Nordamerikas, ferner zwischen dem nordatlantischen Ozean und dem Mittelmeer auf der einen und der japanisch-koreanischen See auf der anderen Seite; ferner die scheinbar absonderlichen Vorkommnisse der gleichen Tierformen in den südlichen Teilen von Amerika, Afrika und Australien. Freilich verschwindet die, wenn auch an sich nicht unbeträchtliche Zahl dieser Fälle gegenüber der übrigen Masse der gemäfsigten Faunen, die keine Circumpolarität erkennen läfst, aber grade diese isolierten, von den besten Schriftstellern als unerklärbare Absonderlichkeiten gekennzeichneten Vorkommnisse, die sich im Lichte unserer jetzigen Anschauungen auf das allereinfachste erklären, sprechen ein beredtes Wort zu Gunsten der in der vorliegenden Schrift vertretenen Einheitlichkeit in der Auffassung der tiergeographischen Verhältnisse unserer Erde.

Die Circumpolarität der tropischen Litoralzone, oder besser ausgedrückt, die Ausprägung einer circumtropischen Fauna ist, freilich mit grofser Zurückhaltung, von unsern besten Zoogeographen bereits ausgesprochen. Es ist bekannt, dafs von der Ostküste Afrikas durch den ganzen indischen Ozean hindurch über den indoaustralischen Archipel und über das gesamte Inselgebiet des pazifischen Ozeans hinweg sich das gewaltige einheitliche Gebiet der indo-pazifischen Fauna hinzieht. Es folgt dann die ganz eigenartige, von der indo-pazifischen stark geschiedene tropisch-westamerikanische Fauna; sodann die mit der indo-pazifischen aufserordentlich nahverwandte westindische und schliefslich die durchaus eigenartig für sich ausgeprägte westafrikanische Fauna. Diese Vierteilung entspricht wenig einer circumtropischen Entwickelung; gehen wir aber in die tertiären Zeiten zurück, zu denen die westindische Fauna durch die geöffnete Landenge von Panama mit dem grofsen indo-pazifischen Gebiet zusammenhing, so haben wir nicht nur den örtlichen Zusammenhang beider Faunen, sondern aufserdem die Ausbildung der circumtropischen Fauna über mehr als drei Viertel des Erdumfangs. Geschlossen wird der Kreis, soweit er sich wegen des dazwischenliegenden Festlandes von Afrika schliefsen läfst, dadurch, dafs die tropische Fauna der Ostküste Amerikas eine bedeutende Anzahl von Tierformen mit der Westküste Afrikas gemein hat. Nach dem Schlusse der Landenge von Panama sind eine grofse Menge von Vertretern der circumtropischen Fauna auf der Westküste von Central-Amerika zurückgeblieben und bilden hier eine ganz eigentümliche, allgemein tropische Beimischung zu der im übrigen die ganze Westküste Amerikas entlang ausgeprägten charakteristischen westamerikanischen Fauna. Eine gröfsere Anzahl von Arten auf der West- und Ostküste der Landenge sind kaum oder recht wenig voneinander unterschieden, sodafs das Mafs dieser Verschiedenheit zugleich eine Vorstellung davon zu geben imstande ist, welche Veränderung und Umbildung tropische Arten in dem Zeitraum seit der tertiären Schliefsung der Landenge von Panama erfahren konnten.

Es ist eine auffallende Erscheinung, dafs die Gebiete, welche wir als Ausprägungen der circumtropischen Fauna hingestellt haben, nämlich das indopazifische und westindische, zugleich das Gebiet der Riffkorallen sind. In der That ist die Fauna der Riffkorallen mit allem, was coenobiotisch mit ihnen enger oder weiter zusammenhängt, das eigentlich Kennzeichnende der circumtropischen Fauna, und die im Gegensatz zu ihr stehenden Faunen Westamerikas und Westafrikas sind, abgesehen von ihren positiven Eigentümlichkeiten, in erster Linie gekennzeichnet durch den Mangel der Riffkorallen und des damit zusammenhängenden Lebens.

Kehren wir nunmehr zur Schilderung der alten Zeiten der einheitlichen Fauna zurück, so ist es klar, dafs bei der Herabminderung der Temperatur des Meereswassers unter 20 ° C niedrigste Winter-Temperatur vor allem die ungeheuer wärme-empfindlichen Korallenriffe veröden mufsten und dafs die mit ihnen zusammen hängende Fauna entweder unterging oder äquatorwärts auswanderte. Diesen Vorgang besonders hatten diejenigen Schriftsteller im Auge, welche mit einem anschaulichen aber nicht deckenden Ausdruck von einem Verschwinden der tropischen Fauna aus den hohen Breiten sprachen. Diejenigen Tiere, welche mit den Riffen nichts zu thun hatten, denen also beim Veröden der Riffe der Lebensboden nicht entzogen wurde, waren daher in erster Linie dazu berufen, die alten Wohnsitze beizubehalten. Es kommt aber noch ein prositiver Grund dazu. Die Riffkorallen und alles damit zusammen hängende Leben ist auf das allerflachste Wasser beschränkt; die Tiere aber, die nicht auf das Riffleben angewiesen waren, hatten schon seit ungezählten Generationen Gelegenheit und Freiheit gehabt, tieferes, also kälteres Wasser aufzusuchen, sodafs eine allmähliche Herabminderung der gesammten Wasser-Temperatur ihrer Heimat ihnen garnicht bemerkbar werden konnte.

Es mag hier bemerkt werden, dafs trotz dieser Fähigkeit nur ein gewisser Teil der arktisch-antarktischen Tierwelt sich an ein regelmäfsiges Leben in der Tiefsee gewöhnt hat; die meisten dürften immerhin noch als Litoraltiere zu bezeichnen sein.

Es ist eine eigentümliche Erscheinung, dafs diese Fähigkeit, kälteres Wasser zu ertragen, sich unabhängig voneinander bei denselben Typen im hohen Norden und im hohen Süden entwickelt hat; sie war also bei den betreffenden Gruppen schon latent vorhanden, ehe sie dazu kam, sich zu bethätigen. Ganz derselben Erscheinung werden wir später bei der gleichfalls ganz unabhängig voneinander stattfindenden Gewöhnung bestimmter Gattungen an das Brack- und

Süfswasser begegnen. Eine Analyse der Fauna warmer Quellen zeigt uns ebenfalls eine ungemein gleichartige Zusammensetzung. Es gehört diese eigenartige Erscheinung jedenfalls in das noch wenig bearbeitete Gebiet der Lehre von den Korrelations-Erscheinungen, insofern gewisse Eigenschaften des tierischen Körpers bei ihrem Auftreten auf Grund eines uns vorläufig ganz unbegreiflichen Zusammenhanges ganz bestimmte andere Eigenschaften und Fähigkeiten im Gefolge haben, die sich nicht allmählich zu entwickeln brauchen, sondern sofort in voller Ausbildung auftreten.

Jetzt verstehen wir die auf den ersten Blick so absonderliche gleiche Zusammensetzung der arktisch-borealen auf der einen, und der antarktisch-notialen Fauna auf der andern Seite; wir haben nunmehr nur noch nach dem Grunde zu suchen, weshalb sich beide Faunengebiete in den erheblich langen Zeitläufen seit der Faunentrennung so aufserordentlich wenig verändert haben, dafs die Aehnlichkeit noch heutzutage eine so auffallende ist. Sehen wir auf der einen Seite, wie seit dem tertiären Schlufs der Landenge von Panama die Tiere auf der Ost- und Westküste der Landenge sich in verschiedener Weise weiter umgewandelt haben und auf der andern Seite, wie die seit viel älteren Zeiten voneinander geschiedenen Tiere der hohen Breiten noch zum Teil identisch sind, zum Teil sich aufserordentlich wenig verändert haben, so wird wohl der Gedanke nahe gelegt, dafs die allmähliche Abkühlung der polaren Gegenden und eine gröfsere Einförmigkeit der Lebensbedingungen hemmend auf die Umbildungsfähigkeit der organisierten Substanz gewirkt hat, während das regere Leben und der vielgestaltige Kampf ums Dasein in den wärmeren Gegenden die Artenbildung gefördert haben dürfte.

Nun erklärt sich auch der aufserordentliche Individuen-Reichtum der polaren Zonen, der schon den ältesten Reisenden aufgefallen ist; denn die verhältnismäfsig wenigen Arten, welche nach der Faunenscheidung zurückblieben, konnten sich in das ganze grofse Gebiet teilen, sich also fast unbeschränkt vermehren. Da nun die Nahrungsquellen der kalten Zonen nicht geringer sind als die der heifsen, und die das ganze Jahr hindurch ungefähr gleichmäfsige Temperatur des Wassers eine der günstigsten Bedingungen des Tierlebens bildet, so stellte sich der eigentümliche Gegensatz heraus, dafs in den Tropen sehr viel Arten durch verhältnismäfsig weniger Individuen, in den polaren Zonen dagegen wenig Arten durch verhältnismäfsig mehr Individuen vertreten sind.

Es mufs hier noch einer Eigenart der polaren Tierwelt Erwähnung gethan werden, dafs sie nämlich der pelagischen Larven so gut wie völlig entbehrt. Die Eier der polaren Tiere sind sehr grofs, das Junge schlüpft also verhältnismäfsig hoch ausgebildet aus. Die hier in weitem Umfange auftretende Brutpflege zeigt ferner, dafs in vielen Fällen auch da, wo wir die Eier noch nicht beobachtet haben, ein freischwimmendes Stadium fehlt.

Wenn nach der oben gegebenen Darstellung die heutige tropische Fauna den eigentlichen Stammrest der alten allgemeinen Fauna darstellt, so mufs man billig verlangen, in ihr Nachkommen von all den Resten zu finden, welche sie auf ihrem Wege beim Rückzug von den Polen bis zum Äquator zurückgelassen hat, also etwa einen Gadiden, einen Trophon, Buccinum oder Sipho, einen Asellíden u. s. w. Darnach wird man in der allgemeinen circumtropischen Fauna vergeblich suchen, und man mufs wohl annehmen, dafs die Rifffauna die Nicht-Rifffauna, die ja hier früher auch existiert haben mufs, völlig überwuchert hat.

Diese Lehre von der Überwucherung dürfte manchem als ein billiges, aber mageres Auskunftsmittel erscheinen; jedem aber, der jemals praktische Botanik oder Entomologie getrieben hat, ist diese Erscheinung eine wohl bekannte. Wenn z. B. in diesem Jahre innerhalb eines Waldes ein Stück herunter geschlagen wird, so erscheinen im nächsten Jahre auf der Waldblöfse nicht nur die Pflanzen, sondern auch die Insekten, welche solche Waldblöfsen zu bewohnen pflegen, obgleich meilenweit in der Runde keine Waldblöfse vorhanden ist und ebenso die betreffenden Pflanzen und Insekten nie gefunden worden sind. Man sieht aber eben aus dem Endergebnis, dafs die Pflanzen und Insekten — wenn auch versteckt — doch so nah dabei vorhanden gewesen sind, dafs, sowie sich die günstigen Bedingungen boten, sie sofort sich zu üppigem Leben entwickeln konnten. Sie waren eben in der That vorher von der Waldflora und Waldfauna überwuchert. Ganz in derselben Weise ist das Verhältnis der Nicht-Rifftiere aufzufassen, die da, wo die Riffe und die damit zusammenhängenden Tiere in überwältigender Masse entwickelt waren und sind, kaum oder gar nicht zur Erscheinung treten können.

Im Gegensatz zu der allgemeinen Tropenfauna findet man dagegen an der ganzen Westküste Amerikas, die ein ganz aufserordentlicher Sammelpunkt der Nicht-Rifffauna ist, in der That sehr nahe Verwandte der polaren Tiere selbst in den warmen Klimaten, die also als die stärker umgewandelten Nachkommen der alten gemeinsamen Stammarten der Nicht-Rifffauna zu hetrachten sind.

Das vorhin schon ausgesprochene Zurücktreten der Circumpolarität der Faunen gemäfsigter Zonen und das geringe Mafs von Parallelismus zwischen diesen beiden Zonen auf der nördlichen und südlichen Halbkugel erklärt sich naturgemäfs dadurch, dafs die Zonen von den grofsen Kontinenten durchquert werden, dafs daher die Isolierung überall zur Bildung von Sonderfaunen führen mufste. Die grofsen während des Jahres auftretenden Temperatur-Unterschiede des Meereswassers mögen als ein dem Tierleben ungünstiger Faktor die Spuren der alten Gleichheit weiter zu verwischen beigetragen haben.

Dafs nach der ersten Bildung der grofsen Litoralfaunen Verschiebungen mehr oder weniger bedeutender Art durch spätere Wanderungen eingetreten sein können, dafs besonders die Eiszeiten am Schlusse des Tertiärs in unserer nördlich - gemäfsigten Zone faunistische Vermischungen und bei ihrem Verschwinden ein eigenartiges Reliktentum geschaffen haben, ist selbstverständlich und braucht hier nur erwähnt zu werden, da es den Hauptgegenstand der vorliegenden Arbeit nicht unmittelbar berührt.

Drittes Stück.

Die Tiefseefauna.

Wyville-Thomson sagt in seiner Einleitung zu den Challenger-Reports: Es ist kein Grund, anzunehmen, dafs die Verhältnisse der Tiefsee je andere gewesen sind, als heutzutage; es hat stets eine eiskalte Tiefsee und eine Tiefseefauna gegeben.

Fassen wir zur Beurteilung dieses Satzes den Charakter der Tiefsee in kurzen Worten zusammen. Der Grund der Meere wird ausgefüllt von dem schwersten Wasser, welches zugleich das kälteste ist; es ist das an den Polen abgekühlte und von hier auf den Boden des Ozeans abfliefsende polare Oberflächenwasser. Vermöge seiner niedrigen Temperatur bringt es die gröfstmögliche Masse aufgelöster Lebensluft mit hinab, und vermöge der Diffusion erhält es sich auf dem Zustande der Sättigung. Die toten Leiber der pelagischen Tiere fallen in grofsen Massen zum Boden herab, verbleiben wegen der niedrigen Temperatur und des hohen Druckes hierselbst aufserordentlich lange unzersetzt und dienen den Tiefseetieren als Nahrungsquelle. Die grofse Sauerstoffmenge und die Langsamkeit der Zersetzung toten Plasmas sind die beiden grofsen günstigen Momente in der Öde und Lebensfeindlichkeit der natürlichen Bedingungen der Tiefsee.

Greifen wir nunmehr auf die Zeit der alten allgemeinen Fauna zurück, wie wir sie uns vorhin vorzustellen versuchten. Selbstverständlich bedeckte auch damals das kälteste Wasser den Boden des Meeres, aber das kälteste aus den polaren Gegenden herabfliefsende Oberflächenwasser hatte immerhin noch annähernd die Temperatur unseres heutigen Tropenwassers und brachte noch nicht die Hälfte des heute in ihm aufgelösten Sauerstoffes mit herab. Die pelagischen Tierleichen fielen, grade wie heute, auf den Boden des Ozeans herab, aber sie zersetzten sich natürlich in dem warmen Grundwasser ganz aufserordentlich viel schneller als heute. Wir sehen also, dafs von einer ewigen Existenz einer eiskalten Tiefsee gar keine Rede sein kann, sofern die Tiefsee stets die Temperatur des polaren Wassers hatte; ferner dafs die beiden einzigen günstigen Bedingungen der heutigen Tiefsee, der Sauerstoffreichtum und die reichliche Menge konservierter Nahrung, zu jenen alten Zeiten in weit schwächerem Mafse vorhanden gewesen waren. Das Wachsen dieser beiden für die Bildung und Erhaltung einer Tiefseefauna die Lebensmöglichkeit darstellenden Bedingungen hängt natürlich von der immer weiter fortschreitenden Auskühlung des Tiefseewassers ab, und dies ging in demselben Mafse von statten, wie sich das polare Wasser abkühlte. In demselben Mafse aber, wie sich das polare Wasser abkühlte, zog sich die alte allgemeine Fauna von den Polen aus äquatorwärts zusammen, begann jener Prozefs der Faunenscheidung, wie wir ihn vorhin betrachtet haben. Also fällt wegen der Gleichheit der Ursachen Beginn und Ausbreitung der Tiefseefauna annähernd zusammen mit dem Beginn und dem Fortschritt der zonenartigen Faunenbildungen des Litorals.

Fahren wir vorläufig in dieser deduktiven Methode fort, uns die Bildung der Tiefseefauna zu vergegenwärtigen.

Sobald und in demselben Mafse wie die Sauerstoffverhältnisse des herabsinkenden polaren Wassers und die Ernährungsverhältnisse des Meeresbodens überhaupt tierisches Leben ermöglichten, stiegen polare Tiere in die Tiefe. Rifftiere waren das selbstverständlich nicht; diese waren schon verschwunden oder waren im Verschwinden; aufserdem waren sie ja gegen kälteres und tieferes Wasser die empfindlichsten Tiere der ganzen Erde. Die in den polaren Zonen zurückgebliebenen Tierformen waren ja aber, wie wir vorhin gesehen haben, grade solche, die kälteres und tieferes Wasser schon längst vor der Faunenscheidung zu ertragen gewöhnt waren; ebenso bot die Dunkelheit der Tiefe diesen Tieren, die Monate lang jedes Jahr in der Winternacht im Dunkeln zu leben seit ungezählten Generationen gewöhnt waren, durchaus kein Hindernis.

Vergleichen wir nun mit dieser deduktiven Darstellung die nunmehr genugsam bekannten Thatsachen der Tiefenfauna. Sie dehnt sich in verhältnismäfsig einheitlichem Gepräge über den Boden der Meere aus, soweit derselbe bewohnbar ist; im hohen Norden und im hohen Süden steigt sie ununterbrochen in das arktische und antarktische Litoral auf. Eine Scheidung zwischen Tiefseetieren und polaren Ufertieren ist da zum grofsen Teil garnicht zu machen; recht viele Tierarten leben mit derselben Leichtigkeit eben unter der Flutgrenze und in den gröfsten Tiefen; der sogenannte nordische oder arktische Charakter der ganzen Tiefseefauna ist so auffallend, dafs er schon von vielen Schriftstellern ausgesprochen ist.

Da die Bildung der Tiefseefauna nach unserer Darstellung zur Zeit oder etwas nach der Bildung der polaren Zonen, also etwa zu frühen Kreidezeiten stattgehabt hat, die niedrige Temperatur und die Öde der Lebensbedingungen der Tiefsee aber noch weniger als es in den polaren Faunen der Fall war, zu Umbildungen der Arten Veranlassung gegeben hat, so wird man billig erwarten können, hier noch eine Anzahl alter Kreidetiere in ziemlich unverändertem Zustande anzutreffen. Und das ist in Wirklichkeit so. Eine ganze Reihe, besonders von Echinodermen und Krebs-Formen, die im Litoral seit der Kreide fast oder völlig ausgestorben waren, sind durch die Tiefseeforschungen den Lebenden wiedergegeben.

Es scheint demnach, dafs die Probe der wirklichen Verhältnisse auf die vorhin gegebenen theoretischen Deduktionen ein befriedigendes Resultat und vielleicht auch eine Art von Zutrauen für die Grundsätze ergiebt, von denen wir bei unsern Betrachtungen ausgingen.

Selbstverständlich haben auch nach jener ersten Einwanderung noch fortwährend spätere stattgefunden; es wurde bereits erwähnt, dafs viele polare Tiere noch jetzt ununterbrochen in die Tiefsee steigen; es sind aber auch Fälle bekannt, dafs Typen, welche der eigentlichen Masse der Tiefseetiere ferner stehen und aus niedrigeren Breiten stammen, in die Tiefe gewandert sind. Schliefslich ist als physiologischer Charakter noch zu erwähnen, dafs es auch, besonders unter den Fischen, an eigentümlichen Anpassungen an die Tiefsee nicht fehlt.

Am Schlusse dieses Abschnittes soll nicht versäumt werden, an die Entwickelungsverhältnisse der Tiefseetiere zu erinnern. Grade wie bei den arktischen und antarktischen Tieren finden wir das Stadium der freischwimmenden Larvenformen völlig oder fast völlig

— die Beobachtungen reichen noch nicht aus — zurückgedrängt. Die Eier der Krebse und Echinodermen sind grofs und ermöglichen das Ausschlüpfen von verhältnismäfsig weit ausgebildeten Jungen; die Brutpflege, welche ja nur bei einem Ausfall des freien Larvenstadiums möglich ist, findet sich in weiter Ausdehnung und bei denselben Typen wie in der Arktis und Antarktis. Wir werden diese Thatsachen nachher noch auf ihren Wert zu prüfen haben.

Viertes Stück.

Die Brack- und Süfswasserfauna.

Man ist im allgemeinen gewohnt, von der Brackwasserfauna als einem physiologischen und lokalen Begriff zu reden, sie anzusehen als die Summe aller derjenigen Tierformen, welche an irgend einem Platze der Erde sich daran gewöhnt haben, in dem schwach gesalzenen Wasser der Flufsmündungen zu leben, und die im allgemeinen die Fähigkeit haben, die ganze Reihe der Konzentrationsgrade vom süfsen bis zum reinen Meerwasser zu ertragen. In dieser Auffassung stellt die Brackwasser-Fauna irgend eines Ortes einen Auszug aus seiner sonstigen Fauna vor, und die Brackwasserfaunen der einzelnen Plätze können nur insoweit miteinander verglichen werden, als man ihre sonstigen Litoral- und Süfswasser-Faunen miteinander zu vergleichen Grund und Berechtigung hat.

Eine genauere Betrachtung verändert jedoch diese erste allgemeine Anschauung nicht unbedeutend. Wir sahen vorhin bei der Untersuchung der Typen, welche bei der beginnenden Auskühlung der polaren Gewässer und nach dem Zurückzug der Riff-Fauna in den hohen Breiten zurückblieben, dafs die Fähigkeit, kälteres Wasser und gröfsere Tiefen zu ertragen, nicht individuell erworben wurde, sondern dafs gewisse systematische Gruppen vermöge ganz besonderer Organisationsverhältnisse, die wir uns vorläufig wohl am besten als Korrelations-Erscheinungen denken, diese Fähigkeit von vornherein besafsen und an den entgegengesetzten Orten der Erde zur gleichen Zeit zur Ausführung bringen konnten.

Ganz dasselbe sehen wir bei den Formen, die sich ins brackische

Wasser begeben. Gewisse Familien und Gattungen haben allerorten auf der Erde eine besondere Neigung und Fähigkeit, brackisches Wasser aufzusuchen, und eine nicht unbeträchtliche Zahl hat sich in der Jetztzeit auf das Brackwasser geradezu beschränkt. Viele Fische, so die Polynemiden, Sciaeniden und Carangiden, die Mehrheit der Atheriniden und Mugiliden, gewisse sich an die Gobiaden und Blenniaden anschliefsende Gattungen, Butte, Aale, Stichlinge bevorzugen ganz ausgeprägt das brackische Wasser. Von den Mollusken sind hier die Gattung Dreyssena, die Cyreniden, Neritina, gewisse Hydrobiaden, die Truncatelliden, Melaniaden, die Gattung Potamides und Verwandte, die Auriculiden und Onchidium zu nennen. Erwähnen wir noch die Thalassiniden und Cariden, besonders die Palaemoniden unter den Krebsen, so haben wir ein allgemeines Bild der wichtigsten Komponenten der Brackwasserfauna. Einige von ihnen sind mehr marin, andere mehr Süfswassertiere, andere, wie die Auriculiden und Onchidien, Strandschnecken, die abwechselnd dem Meereswasser und dem Regen ausgesetzt sind; andere schliefslich so gut wie völlig auf das Brackwasser beschränkt. Anzureihen sind hier natürlich noch alle aus dem Meere in das Süfswasser wandernden Tiere, die sich besonders aus Fischen und Krebsen zusammensetzen.

Die meisten Brackwasserbewohner gehören heutzutage den Tropen an; dies stimmt aber nur für die allerjüngsten Zeiten unsrer Erde. Im Tertiär und der Kreide hatten sie, wie wir aus fossilen Funden wissen, eine universelle Verbreitung. Gattungen, wie Corbicula, Cyrena, Batissa, die Melaniaden und gewisse Cerithiaden, die Auriculaceen u. s. w., die im allgemeinen jetzt auf wärmere, ja sogar tropische Gegenden beschränkt sind, finden sich fossil allgemein verbreitet bis zu ziemlich hohen geographischen Breiten. Dafs die nicht fossilisierten Brackwassertiere die gleiche Verbreitung gehabt haben, ist nicht zu bezweifeln. Wir haben eben allen Grund anzunehmen, dafs es zu den alten Zeiten der noch einheitlichen oder annähernd einheitlichen allgemeinen Fauna eine Brackwasserfauna gegeben hat, die in ihrer Zusammensetzung der heutigen völlig entsprach, aber eine universelle Verbreitung besafs.

Die verschieden stark entwickelte Entwöhnung vom Leben in rein salzigem Wasser giebt uns eine klare Vorstellung von den Ausbreitungs-Verhältnissen und -Mitteln der Brackwassertiere. Wenn, um ein thatsächliches Beispiel anzuführen, einige ganz bestimmte

Carangiden, Polynemus, ein Elops und noch viele andere Fische gleicherweise in den Mündungen des Niger, Congo und Cameroon gefunden werden, und wir aufserdem wissen, dafs diese Tiere das gesamte Küstengebiet Westafrikas bewohnen, so ist es uns klar, dafs sie aus der gemeinschaftlichen Heimat, nämlich dem westafrikanischen Meere, ganz nach Belieben in jede Flufsmündung einwandern können. Ein ander Beispiel: Periophthalmus Koelreuteri ist der bekannte kleine, auf dem Schlamm der Ästuarien umher hüpfende Gobiade, dessen Verbreitung durch das ganze indopazifische und westafrikanische Gebiet reicht. Er ist dort auch überall im Litoral verbreitet. Auch bei diesem Fisch wird niemand auf den Gedanken kommen, die verschiedenen Brackwasser-Vorkommnisse desselben voneinander abzuleiten, sondern da er litoral im ganzen Gebiete verbreitet ist, so hat natürlich an jedem Platze eine Einwanderung aus der gemeinsamen Meeresheimat stattgefunden. Während nun aber die vorhin angeführten westafrikanischen Fische als vorzügliche Schwimmer auch heute noch ziemlich weite Meeresstrecken bequem durchreisen und sich überall im Gebiete ihren Brackwasseraufenthalt wählen können, ist das bei dem aufserordentlich mäfsigen Schwimmer Periophthalmus kaum mehr möglich, und er wird schon sehr viele Generationen hindurch an demselben Platze gehaust haben, wie es auch seine Nachkommen thun müssen. In diesem von Periophthalmus beschriebenen Falle befinden sich auch viele Mollusken. Von hier bis zu dem Verhältnis, dafs die Brackwassertiere ihren Meeresaufenthalt allmählich ganz aufgeben, ist ein kleiner Schritt nach dem andern, ohne dafs wir gezwungen würden, die Verbreitung dieser Tiere anders zu erklären. Denn wenn der Elops der westafrikanischen Flufsmündungen seit fünfzig Jahren sein Meeresleben aufgegeben hätte, so würde doch seine Verbreitung dadurch nicht plötzlich anders zu erklären sein. Die allgemeine Geschichte der Brackwasserfauna würde sich demnach folgendermafsen zusammenfassen lassen. Die heutige Brackwasserfauna ist der auf die wärmeren Klimate der Erde beschränkte Rest der früher in annähernd gleicher Zusammensetzung wie jetzt über die ganze Erde verbreiteten Brackwasserfauna, die sich in ihrem zoologischen Material wie in ihrer allgemeinen einheitlichen Verbreitung von der allgemeinen einheitlichen, alten ungeteilten Litoralfauna ableitete. Die einzelnen Brackwasser-Vorkommnisse sind nicht auseinander, sondern aus der jetzigen oder früheren Verbreitung der betreffenden Arten im Litoral abzuleiten.

Als ein eigentümliches Zwischenglied zwischen Brack- und Süſswasserfauna, welches uns das Verständnis der letzteren wesentlich erleichtern wird, stellt sich die Süſswasserfauna der Südseeinseln dar. Die Fische sind Gobiaden, Mulliden, Atheriniden, Dules, Aale u. dgl., kurz, lauter Fische, die nicht einmal der Art nach verschieden sind von denen, die das Brackwasser und das Litoral jener Gegenden bewohnen. Die Mollusken sind Melanien und Neritinen, auſserdem einige spärliche Limnaeiden. Von den Limnaeiden ist es klar, daſs sie auf zufälligem Wege, vielleicht durch den Menschen, eingeschleppt sind. Auch für die Melanien und Neritinen ist es nicht ausgeschlossen, daſs sie auf diese Weise innerhalb des Gebietes hin und her verschleppt sind. Dies ist aber etwas ganz anderes, als die Ursache ihres Vorkommens über das ganze Gebiet hin. Beide Gattungen kommen in der ganzen Südsee im Brackwasser, zum Teil auch im Meere vor. v. Martens sagt in seiner Monographie der Neritinen, daſs ihre geographische Verbreitung dieselbe ist, wie die von Meerestieren, und palaeontologisch wissen wir, daſs die Neritinen sich allmählich aus Meeres- zu Süſswassertieren entwickelt haben. Noch heute giebt es eine Anzahl von Neritinen, die nur im Meere vorkommen. Die Melanien schlieſsen sich in all diesen Verhältnissen an die Neritinen an. Es ist also, abgesehen von zufälligen Verschleppungen, die Verbreitung beider Molluskengattungen so zu erklären, wie die Verbreitung der Brackwassertiere. Daſs das Vorkommen der oben genannten Süſswasserfische der Südsee aus ihrer Verbreitung im Meere zu erklären ist, ist selbstverständlich.

Wir sehen also, daſs die zu mittleren tertiären Zeiten aus dem Ozean aufgestiegenen Südsee-Inseln ihre Süſswasserfauna aus dem Litoral des umgebenden Meeres erhalten haben, daſs sich aber hier nicht etwa ganz besondere Typen an das Leben im Süſswasser gewöhnt haben, sondern daſs es dieselben sind, die in der ganzen Tropenzone überall da, wo sich Gelegenheit bot, in das Brackwasser oder sogar das Süſswasser eingewandert sind und erwiesenermaſsen noch heute einwandern.

Betrachten wir nunmehr die Süſswasserfauna im allgemeinen. Es ist auſserordentlich bezeichnend, daſs viele unsrer besten Reisenden — ich nenne hier Darwin, v. Martens und Semper — ihre Verwunderung darüber ausgesprochen haben, wie wenig sich die Süfswasserfauna fremder Länder von der heimatlichen unterscheidet. STUHLMANN, der nicht nur den höheren Typen, sondern ganz besonders den niederen Krebsen und Oligochaeten des afrikanischen Süfswassers eine weitgehende Aufmerksamkeit geschenkt hat, spricht sich in seinem neuerlichen Berichte an die Berliner Akademie ebenso aus. In der That ist die Zusammensetzung der Süfswasserfauna auf der ganzen Erde eine aufserordentlich einheitliche. Viele Familien und Gattungen gehen über die ganze Erde, viele über einen grofsen Teil derselben, viele treten ganz isoliert an verschiedenen Stellen auf, manche sind freilich gänzlich lokalisiert. Grade die Isoliertheit der Vorkommnisse, z. B. der Labyrinthfische in Afrika und Indien, der Osteoglossiden in Südamerika und Ostasien, der Galaxiaden in Patagonien und Neuseeland, und Dutzende von anderen Fällen legen die durch WALLACES vorzüglichen Auseinandersetzungen uns völlig in Fleisch und Blut übergegangene Ansicht nahe, dafs die jetzigen weit voneinander getrennten Vorkommnisse Relikte einer früheren weiteren Verbreitung sind. In der That zeigt das Studium der Süfswasserfossilien, dafs die Verbreitung der einzelnen Typen früher eine noch viel weitere war, als heute, besonders, dafs solche, die wir im allgemeinen heutzutage als tropisch anzusehen gewohnt sind, in unsern Gegenden und noch weiter nördlich gefunden sind. Ist nun die heutige Verbreitung der Süfswassertypen zum Teil schon eine universelle, zum Teil eine sehr weite, und erweitern die palaeontologischen Funde überall den heutigen Verbreitungskreis der betreffenden Typen, so werden wir unabweisbar zu dem Schlusse gedrängt, dafs die heutzutage schon aufserordentlich einheitlich über die ganze Erde entwickelte Süfswasserfauna früher noch viel einheitlicher, annähernd oder völlig universell ausgeprägt war.

Die Gleichförmigkeit in der Zusammensetzung der Süfswasserfauna hat natürlich zu Betrachtungen über die Ursachen derselben Anlafs gegeben, und DARWIN besonders hat in seiner „Entstehung der Arten“ dem Gegenstande eine ausführliche Behandlung gewidmet. Als solche Ursachen werden angenommen erstens Niveauveränderungen der Erdoberfläche, welche Flufsläufe ineinander überführen und so eine Art allmählich immer weiter verbreiten können; zweitens Wasservögel, die an Schnabel, Brust und vornehmlich den Füfsen kleinere Tiere oder deren Keime über weite Strecken tragen und verpflanzen können; drittens der Wind, welcher den Staub mit den Keimen niederster Organismen weit fortzuführen vermag.

Alle diese Wege der Überführung sind in der That vorhanden, wie es an vielen Beispielen bewiesen werden kann; sie bilden aber nur eine Erklärung der Verschleppung und Durcheinandermengung der verschiedenen Typen innerhalb des Gebietes, nachdem sie schon vorhanden waren, nicht aber eine Erklärung des Daseins der ganzen einheitlichen Süfswasserfauna. Die ganze Methode arbeitet mit der einmaligen lokalisierten Einwanderung. Das entspricht aber in keiner Weise den thatsächlichen Verhältnissen. Die Entstehung der Süfswasserfauna auf den Südseeinseln zeigt uns, dafs die Einwanderung nicht an einer Stelle, sondern im ganzen Gebiete erfolgt. Die Züge wandernder Tiere oder die Brackwasser- bez. Meerestiere, die in die Flufsmündungen eindringen, zeigen dasselbe; die ganze Süfswasserfauna kann und darf nur aus der Brackwasserfauna abgeleitet werden, und diese ist zur heutigen Zeit in den Tropen ganz einheitlich ausgebildet, war es früher auch in gemäfsigteren Klimaten und mufs es gewesen sein, weil sie sich aus der alten einheitlichen Litoralfauna ableitet. Es stammt also die Einheitlichkeit der Süfswasserfauna ab von der Einheitlichkeit ihrer Mutterfauna, nämlich der Brackwasserfauna, und die Einheitlichkeit der letzteren von der Stammmutter-Fauna aller anderen Faunenkategorieen, der alten einheitlichen Litoralfauna.

Das Alter der Süfswasserfauna ist gewifs ein recht hohes; es ist gerade nach Mafsgabe der Art, wie wir auf den Südseeinseln haben eine Süfswasserfauna entstehen sehen, durchaus anzunehmen, dafs eine Ureinwanderung in süfses Wasser stattgefunden hat, sobald süfses Wasser vorhanden war. Aus dem Devon und der Kohle sind auch Süfswasserfaunen nachgewiesen, aber einerseits bieten sie zu wenig, um ein Bild der Entwicklung tierischen Süfswasserlebens zu ermöglichen, andrerseits stehen sie der heutigen Süfswasserfauna zu fern, als dafs sie sich im Zusammenhange mit ihr betrachten liefsen; sie liegen deshalb also aufserhalb des Rahmens unserer Abhandlung. Dagegen kennen wir aus dem oberen Jura, der Kreide, den Laramieschichten an der Grenze von Kreide und Tertiär und schliefslich aus dem Tertiär so viele Süfswasserfaunen, dafs wir von einer ziemlich ununterbrochenen Entwicklung der Süfswasserfauna vom oberen Jura bis zur heutigen Zeit einigermafsen Kunde haben.

Da es nun anzunehmen ist, dafs im Süfswasser, gerade wie sonst auf der Erde, die alten Typen allmählich verschwunden sind, und dafs die neuen, über die Erde hin sich ausbreitenden Ausprägungen weiterer palaeontologischer Entwickelung der Litoral-Tierwelt auch in das Süfswasser gedrungen sind und dies erobert haben, so werden wir für den Ausgang der Betrachtung der Süfswasserfauna am besten den Zeitpunkt wählen, welcher dem Schlufs der grofsen und allgemeinen Einwanderungen von Meeres- bez. Brackwassertieren in das Süfswasser entspricht. Dieser Zeitpunkt ist aber die so oft schon in dieser Schrift betrachtete Zeit der Faunenscheidung. Vor und während derselben waren noch die Elemente und die Möglichkeit einer allgemeinen gleichen Einwanderung in das Süfswasser gegeben, nach der Bildung der Klimafaunen war eine solche Einwanderung ausgeschlossen; die ganze Bildung der Süfswasserfauna ist aber nur auf Grund einer solchen zu verstehen.

Werfen wir nunmehr von diesem Standpunkte aus einen Blick auf das zoologische Material, welches sich bei der letzten grofsen allgemeinen Einwanderung in das Süfswasser beteiligen konnte.

Die Riffkorallen sind ungeheuer empfindlich gegen süfses Wasser; diese also zusammen mit der ganzen coenobiotisch auf sie angewiesenen Tierwelt stellten selbstverständlich keine Komponenten für die Süfswasserfauna; dieselbe rekrutierte sich vielmehr aus dem Rest, den wir vorhin als die Nicht-Riffbewohner bezeichneten, d. h. aus demselben Stamme, aus dem sich auch die arktische, antarktische und Tiefseefauna entwickelt hat. Wir werden daher billigerweise eine ausgesprochene Ähnlichkeit der Süfswasserfauna mit diesen Faunenkategorieen erwarten dürfen, und zwar werden diese Ähnlichkeiten in erster Linie auf die gemeinsame alte Abstammung zu rechnen sein; es wird uns schliefslich auch nicht Wunder nehmen, wenn wir im Süfswasser alte Typen vorfinden, die im Litoral der gemäfsigten und wärmeren Klimate längst ausgestorben sind, vielleicht sich auch in den übrigen Faunenkategorieen nicht erhalten haben. Alle diese theoretisch zu stellenden Anforderungen bewahrheiten sich in der That in befriedigender Weise. So hat das Süfswasser die Petromyzonten mit den kälteren gemäfsigten Zonen gemein; der alte Typus der Ganoiden ist aus dem Meere fast ganz verschwunden, nur die wandernden Störe vertreten ihn noch in der borealen Zone, im übrigen gehören die Ganoiden mitsamt den Dipnoern nur dem Süfswasser an; die nächstältesten Knochenfische, die Weichflosser, finden im Süſswasser ihre Hauptentwicklung und nächstdem in den kälteren Meeren und in der Tiefsee. Die Astaciden und Aselliden finden sich auſser im Süſswasser nur in kälteren Meeren und in der Tiefsee; die Gammariden-artigen Amphipoden und Bryozoen haben ihre Hauptentwicklung auſser im Süſswasser in den kälteren Zonen. Die Süſswassermollusken sind — so leicht und dankbar die Arbeit ist — auf ihre Verwandtschaft mit den Meeresmollusken nicht so untersucht, daſs man Urteile im einzelnen fällen könnte; das ist aber gewiſs zu sagen, daſs sie den Typen kälterer Gegenden mehr gleichen, als denen der Tropen.

Es unterliegt wohl keinem Zweifel, daſs — wie wir das aus der Süſswasserfauna der Südseeinseln aufs klarste erkennen — überall da, wo sich die Gelegenheit dazu bietet, noch heutzutage weitere, wenn auch geringfügige, Einwanderungen in das süſse Wasser stattfinden. Die Züge der wandernden Fische und Krebse sind ja schon in diese Gruppe von Erscheinungen zu rechnen. Vor allem aber zeigen die groſsen Fluſsmündungen diese Erscheinungen. In den Nebenflüssen der Unterelbe, in der Hamburger Wasserleitung wird auſser anderen echten Brackwassertieren fortwährend Mysis oculata gefunden, jener Krebs, der so oft die Berechtigung dazu hat hergeben müssen, einen See als Reliktensee zu stempeln. Noch stärker ist das Eindringen der Brackwasser- und Meeresfauna in die Mündungen der groſsen westafrikanischen Flüsse. Das Hamburger Museum besitzt von dem Grunde aller dieser Fluſsriesen ausgiebige Faunen, die man nach ihrer Zusammensetzung als rein meerisch bezeichnen muſs, obgleich sie von Fundplätzen stammen, an denen nahe dem Grunde süſses, zum Trinken benutztes Wasser geschöpft zu werden pflegt. Da es in der That Seeen giebt, welche die Überbleibsel früherer Meeresarme darstellen und deshalb noch Überreste jener Meeresfauna, eine „Reliktenfauna" besitzen, so kann nur, wie es Credner in seiner umfangreichen Arbeit über den Gegenstand gezeigt hat, ein genaues und sehr kritisches Studium die Wertigkeit von Faunen-Elementen feststellen, die eine bedeutende Ähnlichkeit mit Formen der benachbarten Meere haben.

Daſs nach den soeben behandelten Verhältnissen der Entwickelung der Süſswasserfauna die von den Zoogeographen so oft und gern angenommenen riesigen Verschiebungen und Veränderungen ganzer Kontinente zum gröſsten Teil unnötig oder überflüssig sind, braucht nur angedeutet zu werden.

Anhang.

Die pelagische und die Landfauna.

Es würde nun noch erübrigen, von den Faunen des Wassers die pelagische, d. h. die Tierwelt des hohen Meeres zu besprechen; es erscheint jedoch angebracht, jetzt, wo die Planktonfauna von so vielen Forschern bearbeitet wird und die Polemik darüber im vollen Gange ist, sich jeder eingehenden Würdigung der pelagischen Fauna so lange zu enthalten, bis die Bearbeitungen der Planktonfahrt fertig vorliegen. Es mögen hier nur einige ganz allgemeine Andeutungen ihren Platz finden, während ein entwicklungstheoretischer Punkt im nächsten Kapitel zur Besprechung kommen wird.

Mag die pelagisehe Tierwelt, geologisch betrachtet, auch eine uralte, mag sie sogar älter sein als die litorale mit allen davon abhängigen Faunenkategorieen, die heutige pelagische Tierwelt können wir nur in ihrem Abhängigkeitsverhältnis von der litoralen verstehen. Es wurde schon oben angedeutet, dafs die meisten pelagischen Formen sich systematisch-zoologisch recht leicht von litoralen ableiten lassen, dafs das Umgekehrte aber so gut wie nirgends Wahrscheinlichkeiten bietet. Freilich giebt es auch Formen wie die Sagitten und Tomopteris, oder das Heer der Siphonophoren und Ctenophoren, deren Anschlufs an litorale Tierformen durchaus nicht aufgedeckt ist; aber es ist auch zu bedenken, dafs dies Verhältnis, nämlich die morphologische Isoliertheit gewisser Typen, überall im Tierreich vorkommt, dafs es deshalb also in dem vorliegenden Falle ohne weiteres nichts beweisen kann.

Über das geologische Alter unserer heutigen pelagischen Tierwelt lässt uns die Palaeontologie fast ganz im Stich, was nicht weiter verwundern kann, da die meisten Hochseetiere keine oder nur ganz schwache Hartgebilde haben, welche sich zur Versteinerung eigneten. Das massenhafte Vorkommen von gewissen Foraminiferen in älteren Schichten und die Funde der Phyllosomen im lithographischen Schiefer lassen durchaus nicht auf ein pelagisches Vorkommen der betreffenden Formen schliefsen; ebenso dürfen die Ammoneen und Nautileen nicht ohne weiteres als pelagische Tiere betrachtet werden; die heute lebenden Nautiliden haben ein ganz beschränktes Vorkommen und entbehren damit einer Haupteigenschaft der pelagischen Tierwelt, nämlich der allgemeinen Verbreitung über die Meere ihrer Zone. Alle diese Formen können viel eher als schwimmende Tiere des Uferbezirkes, als subpelagische Tiere angesehen werden. Die für die heutige pelagische Tierwelt so bezeichnenden Pteropoden und Heteropoden kennt man fossil erst aus tertiären Zeiten.

Wir sind also hinsichtlich der Geschichte der Hochsee-Tierwelt fast ganz auf die Verbreitung, den Bau und die Entwickelungsgeschichte der heutigen pelagischen Fauna angewiesen; der Eintritt in diese Erörterungen setzt aber die Schlichtung der jetzt bestehenden starken Meinungsverschiedenheiten über die Auffassung des Planktons voraus. Nur ein hierher gehöriger Punkt wird im nächsten Stück abgehandelt werden, nämlich der von der Wertschätzung der pelagischen Larvenformen.

Ebensowenig fördert vorläufig für den Zweck der vorliegenden Arbeit ein Eingehen auf die Tierwelt des festen Landes. Die beiden Gruppen, über welche uns die Palaeontologie ausreichenden Bescheid giebt, nämlich die Säugetiere und Landschnecken, sprechen durchaus für die Annahme einer alten allgemeinen einheitlichen Landfauna, ebenso für eine allmähliche Verengerung der Verbreitungsbezirke der einzelnen Familien und Gattungen während des Tertiärs. Ebenso wichtig ist aber die Betrachtung der vorgenannten isolierten Vorkommnisse, welche nach dem Gedankengang, in dem sich die ganze vorliegende Schrift bewegt, für eine frühere sehr viel weitere oder geradezu für eine annähernd allgemeine Verbreitung sprechen. Schliefslich hat sich die ganze neuere Phytogeographie der Richtung angeschlossen, dafs alle tertiären oder heutigen Floren nur Spezialisierungen der alten allgemeinen Flora seien. All dies scheint grade Grund genug abzugeben, recht genau auf die Landfauna und ihre Entwicklung einzugehen, aber einerseits liegen die ganz allgemeinen Verhältnisse hier so klar, dafs ein weiteres Verweilen unnötig erscheint, andrerseits aber hat die topographische Faunen-Entwicklung des festen Landes alle aus den alten Verhältnissen sich leicht ableitenden Zustände dermafsen verwischt, dafs nur ein Eingehen auf die einzelnen Tiergruppen und Sonderfaunen erst wieder zu befriedigenden Ergebnissen führt. Eine derartige Vertiefung in Einzelheiten liegt aber dem Zwecke der vorliegenden Schrift völlig fern.

Fünftes Stück.

Allgemeine Schlufsbemerkungen.

Wenn wir sehen, wie die grofsen heutigen Litoralfaunen sich aus der alten allgemeinen Fauna abgeschieden haben, wenn wir ferner den noch näheren Zusammenhang betrachten, in dem auf Grund der gleichen Abkunft die arktisch-antarktischen, die Tiefen- und die Süfswasserfauna steht, so ergiebt sich sofort die Methode, durch Vergleichung die Elemente der alten allgemeinen Fauna, besonders aber die Nicht-Riffbewohner heraus zu bekommen und dadurch die Möglichkeit zu erhalten, für jede der heutigen Faunenkategorieen die alten ursprünglichen Einwanderer von den späteren zu scheiden. Durch diese Methode kann die Wissenschaft von den ausgestorbenen Wesen ganz aufserordentlich vermehrt werden, insofern sich aus zoogeographischen Gründen von vielen Typen beweisen läfst, dafs sie zur Zeit der allgemeinen Fauna gelebt haben müssen, ganz gleichgültig, ob sie versteinerungsfähige Hartgebilde hatten oder nicht. Dadurch aber ist diese Methode imstande, häufig das absolute, in einer ungeheuren Anzahl von Fällen aber das relative Alter der verschiedenen Tiergruppen, seien es Gattungen, Arten oder Unterarten, festzustellen, und dadurch eröffnet sich ihr eine Wirksamkeit im Dienste der wichtigsten zoologischen Fragen. Um die Verwandtschaftsverhältnisse der Tiere unserer heutigen Lebewelt zu ermitteln, haben wir drei Methoden, die sämtlich auf Vergleichung beruhen, die anatomische, entwicklungsgeschichtliche und palaeontologische. Dabei kommt es vornehmlich darauf an, die einfachsten, ältesten Typen der einzelnen systematischen Gruppen zu ermitteln, denn diese sind es ja, welche das Verständnis der davon abzuleitenden Formen ermöglichen. Hier bietet sich nun als vierte Methode die zoogeographische, insofern sie für die Altersfrage wesentliche Auskunft erteilt und somit entweder selber entscheiden oder aber die anderen Methoden phylogenetischer Erkenntnis fortwährend unterstützen und kontrollieren kann, kurz mitarbeiten kann an der wertvollsten zoologischen Arbeit, der Feststellung des auf Verwandtschaft beruhenden natürlichen Systems.

Ferner wird die Feststellung relativen bez. gleichen Alters einen Maſsstab dafür schaffen, wie sich Tierformen während gleicher Zeiträume in kaltem und warmem Litoral, in Litoral und Tiefsee, in Süſswasser und Litoral u. s. w. umgewandelt haben, und so vielleicht eine Hülfe zur Erkenntnis der Transmutationsvorgänge darbieten. Daſs durch die vergleichend-zoogeographische Methode auch die Lehre von den physiologischen Merkmalen der Anpassung und von den Korrelations-Erscheinungen einigen Vorteil zu erwarten hat, braucht wohl nur angeführt zu werden und geht zur Genüge aus den in der vorliegenden Schrift besprochenen und weiter zu besprechenden Verhältnissen hervor.

Nur eine von diesen Fragen entwicklungs-theoretischer Natur soll hier genauer betrachtet werden, weil sie für die faunistischen Verhältnisse selber von wesentlicher Bedeutung ist, und weil sie eine der wichtigsten in der ganzen allgemeinen Entwicklungsgeschichte geworden ist, insofern sie in hervorragendem Maſse in den Dienst phylogenetischer Spekulationen gestellt ist.

Es ist im allgemeinen bekannt, daſs die allermeisten Süſswassertiere im Vergleich zu ihren Meeresverwandten eine abgekürzte Entwickelung haben. Man hat dies allgemein als eine Anpassung an das Leben im süſsen Wasser, als eine caenogenetische Erscheinung, eine Fälschung des regelrechten Laufes der Entwickelung, angesehen. Sollas hat in dieser Hinsicht die Theorie aufgestellt, daſs nur durch das Aufgeben der freien Larvenformen das Leben im Süſswasser ermöglicht werden konnte, weil die schwimmenden Larven sonst sofort mit dem Strom ins Meer geführt werden würden. Mit diesem Grunde hat Sollas gewiſs Recht, aber mit derselben Wertschätzung desselben kann man ebenso gut sagen, die Süſswassertiere haben sich deshalb kein freies Larvenstadium angewöhnt; denn daſs sie es vor der Einwanderung in das süſse Wasser besessen haben, muſs doch erst bewiesen werden. Wir sahen bereits oben, dafs die arktischen und antarktischen, ebenso die Tiefseetiere, soweit es die Abteilungen der Krebse, Pycnogoniden und Echinodermen, zum Teil auch der Mollusken anlangt, fast durchweg die sog. abgekürzte Entwickelung, und was damit zusammenhängt, Brutpflege am oder im Leibe der Eltern aufweisen.

Nun ist es ja möglich, dafs unabhängig voneinander die arktischen und antarktischen, die Tiefsee- und Süfswassertiere das freischwimmende Larvenstadium aufgegeben haben; da das Ausfallen dieses Stadiums ein negativer Charakter ist, so kann er auf die verschiedenartigste Weise zu stande kommen. Eigentümlich und befremdend aber ist es, dafs er nicht nur bei einigen, sondern bei der Gesamtheit der Faunenkategorieen auftritt, die wir gezwungen sind, im allerengsten genetischen und verwandtschaftlichen Verhältnis zu betrachten. Aufser diesem negativen Merkmal treten aber da, wo Brutpflege ausgebildet ist, auch positive auf, und an eine unabhängig voneinander stattfindende selbständige Bildung eines ganz eigenartigen Organs können wir bei dem heutigen Standpunkt der Wissenschaft nicht denken. Um ein Beispiel anzuführen, so entdeckte LAMPERT bei der antarktischen Cucumaria crocea eine ganz eigentümliche, nach ihren Hüllen von der Körperwand abzuleitende, aber in der Leibeshöhle liegende, geschlossene Bruttasche; ganz dasselbe fand LEVINSEN kurz darauf bei der arktischen Cucumaria minuta. Eine solche Erscheinung können wir uns nach den Anschauungen, die wir nun einmal heute haben, nicht anders als in genetischem Zusammenhange denken; wir sind gezwungen, anzunehmen, dafs die Stammart beider, also eine Cucumaria aus der alten, ungeteilten Fauna, bereits die besagte Bruttasche gehabt hat; dann hat sie aber auch Brutpflege und demgemäfs auch eine Entwickelung ohne freies Larvenstudium gehabt. In ähnlicher Weise kann man die andern Fälle von Brutpflege prüfen und um so sicherer deuten, je eigenartiger die getrennt auftretenden positiven Charaktere sind. Wenn es aber in dieser Weise auch nur für eine Anzahl von Formen festgestellt ist, dafs die alten jurassischen oder Kreidevorfahren Brutpflege, also abgekürzte Entwickelung gehabt haben, so sehen wir daran, dafs dies Merkmal in der That bis auf heute vererbt werden konnte, und dann haben wir das Recht, in all den vorhin angeführten Verhältnissen die alte Vererbung der sogen. abgekürzten Metamorphose zu erblicken. Es hätte demnach ein grofser Teil aller Nicht-Riffbewohner — denn aus diesen leiten sich all die besprochenen Kategorieen ja ab — vor allem aus den Abteilungen der Mollusken, Krebse, Pycnogoniden und Echinodermen, die sog. abgekürzte Entwicklung gehabt. Ob die an die Riffe gebundenen Mitglieder dieser Abteilungen schon zu den alten Zeiten freischwimmende Larven gehabt haben oder sie später erst erwarben, ist vorläufig nicht zu ersehen. Jedenfalls dürfte nunmehr die allgemeine Entwicklungslehre mit diesen Verhältnissen zu rechnen haben, denn ihre Wertschätzung beruht auf demselben vererbungs-theoretischen Grundsatze wie die Annahme der ursprünglichen allgemeinen Verbreitung des freien Larvenstadiums. Wenn das biogenetische Grundgesetz wahr ist — und mit ihm steht und fällt all unsere Einsicht in biologische Verhältnisse —, wenn in der That die Entwickelung des Einzelwesens die Geschichte des ganzen Stammes wiederholt, so sprechen die von uns angeführten Fälle ebenso gegen, wie die Fälle mit Metamorphose für eine phylogenetische Bedeutung der Entwickelung freier Larven. Beides kann natürlich bei denselben Formen nicht das Richtige sein; die. direkte Entwickelung dürfte aber doch die normalere sein, weil sie ohne die grofsen Sprünge und Umwege der Metamorphose verläuft; andrerseits werden mehr und mehr Larvenformen von der neueren Entwickelungsgeschichte als Anpassungsformen erkannt und in ihrem Werte für phylogenetische Betrachtungen bedeutend eingeschränkt. Schliefslich mag auch noch erwähnt werden, dafs viele von den jetzt als Larven betrachteten Formen besser in dem Lichte des Generationswechsels zu betrachten sind. Diese Anschauung, deren Begründung und Durchführung durch die einzelnen Tiergruppen hier nicht am Platze ist, wird der Verfasser in einer demnächst erscheinenden Schrift ausführlich darlegen.

Zu dem fliegenden, nicht pelagischen Cottiden Dactylopterus gehört ein pelagisches Jugendstadium, welches unter dem Namen Cephalacanthus früher als besondere Gattung betrachtet wurde. Der Grund dazu war, dafs die jüngsten Dactylopterus, die man kannte, viel kleiner waren als die gröfseren echten Cephalacanthus. Jetzt bezweifelt kein Mensch mehr die Zusammengehörigkeit beider Formen, sondern man steht vor der Thatsache, dafs das Jugendstadium noch beibehalten werden kann, wenn sich die Gelegenheit zur Entwickelung in die Form des erwachsenen Tieres nicht bietet, ohne dafs darum das Wachstum aufzuhören braucht. Es ist dies dieselbe

Erscheinung, wie bei den überjährigen Kaulquappen, die, nachdem sie sich nicht zu Fröschen entwickelt haben, zu einer ganz ungewöhnlichen Gröfse heranwachsen. Da eröffnet sich dann aber alsbald die Frage: Was wird denn aus den Larven, welche nicht in das Litoral gelangen, um sich dort regelrecht zu entwickeln, sondern die aus dem pelagischen Leben nicht herauskommen und daher den Anschlufs an die Entwickelung zum Geschlechtstier verfehlen? Gehen sie unter, wenn die Zeit verstrichen ist, nach der sie regelrechterweise die endgültige Entwicklungsrichtung einschlagen sollten? oder leben und wachsen sie in ihrer Larvenform unbeschadet weiter, ohne freilich jemals ein Geschlechtstier zu werden? Das vorhin angeführte Beispiel des Cephalacanthus eröffnet uns das Verständnis. Er wächst in der That als Cephalacanthus weiter, findet aber wohl auch in diesem Falle, obwohl später als gewöhnlich, den Anschlufs an die Dactylopterus-Form; der Cephalacanthus hat nicht das Schemen-artige andrer Larven, sondern ist ein kräftiger, muskulöser, stark pigmentierter Fisch, und zur Umbildung in den Dactylopterus sind nur einfache Wachstumsvorgänge nötig. — Andere Formen führen uns einen Schritt weiter. Wir wissen ganz genau, dafs die Squilliden und Palinuriden sich aus Larven entwickeln, welche früher als eigene Formen unter dem Namen Alima, Erichthus und Phyllosoma angesehen wurden. Von solchen Larven werden ungeheure Massen in die See hinausgetrieben, und recht wenig erreichen wieder das Litoral, um den regelrechten Gang ihrer Entwickelung fortzusetzen. Die meisten treiben weiter auf dem Meere umher, und da sie sich nach Kräften nähren, so entstehen daraus jene riesenhaften Formen, bei denen der erste Blick zeigt, dafs von einer Umwandlung in eine Squilla oder Gonodactylus, Palinurus, Scyllarus oder dergleichen gar keine Rede sein kann. Dasselbe gilt von einer Masse pelagischer Fischformen, die man früher teils für Larven, die sich noch verwandeln können, teils für selbstständige Formen angesehen hat. Dies sind z. B. die Plagusien, Pleuronectidenlarven, die pelagisch bleiben, infolgedessen kein Pigment ansetzen und ihre Symmetrie nicht aufgeben, wenn sie auch 100 mm lang werden; ferner die Leptocephaliden, deren Zugehörigkeit bis jetzt niemand kennt, die Gattung Nemichthys, eine vorbeigeratene Fistularia; Probronchus, der eigentlich ein Fierasfer werden sollte, Prymnothonus u. s. w.

Alle diese Formen haben einen gemeinschaftlichen Habitus, sie sind dünn, muskelschwach, pigmentlos, ihre Chitin- und Knochen-Verhältnisse sind sehr kümmerlich ausgebildet, kurzum, sie haben all die Eigenschaften beibehalten, die sonst nur junge Larven besitzen. Unter den Cephalopoden giebt es eine Gruppe der Cranchia-artigen. Diese machen in ihrer Durchsichtigkeit und Muskelschwäche, in der besonders starken, embryonenartigen Entwicklung der Augen, vornehmlich aber in dem ganz wenig nur entwickelten Armapparat vollständig einen larvenhaften Eindruck, aber — sie werden geschlechtsreif. JATTA, an den ich mich wandte, gab mir nach seinem Manuskript über die Tintenfische des Mittelmeeres freundliche Auskunft über diesen Punkt. Da wir nunmehr wissen, dafs diese Tintenfische pelagisch bleiben, so haben wir hier ein Beispiel, dafs Larven, die den Anschlufs an das Litoral nicht erreichten, dennoch schliefslich Geschlechtsorgane ansetzten, also gerade so, wie wir es in ähnlicher Weise vom Axolotl wissen. Nun verstehen wir auch den larvenartigen Habitus der erwachsenen Cranchiaden, und wir werden aus mehr als einem Grunde versucht, die Pteropoden, vielleicht auch die Heteropoden, die beide in mancher Hinsicht etwas Larvenartiges haben, unter demselben Gesichtspunkt zu betrachten.

Auf wieviele Formen diese Anschauung des ferneren anzuwenden ist, das müssen die Spezialisten in den einzelnen Fächern entscheiden; es mag gleich darauf aufmerksam gemacht werden, dafs die Coelenteraten ganz anders betrachtet werden müssen, insofern hier die freischwimmende Form das Gegenteil einer Larve, nämlich gerade das Geschlechtstier ist; dagegen dürfte umgekehrt das Ausfallen der festsitzenden Generation bei Quallen kaum anders zu erklären sein, als dadurch, dafs gewisse ausgesprochen pelagisch gewordene Formen nicht mehr in die Lage kamen, ihrer Brut eine feste Ansatzstelle im Litoral zu gewähren. Ganz in demselben Sinne aber, wie bei den vorher besprochenen Fällen, ist nach CLAUS der Organismus der Siphonophoren aufzufassen, indem die freischwimmenden Larven, welche eigentlich zu festsitzenden Hydroidstöckchen auswachsen sollten, nicht zum Festsitzen kamen, dennoch aber die Fähigkeit nicht verloren, zu wachsen und polymorphe Individuen zu erzeugen.

Es ist hier nicht der Platz, die Ausblicke zu eröffnen auf die Gesamtheit des Feldes allgemein zoologischer Betrachtung, welche die vergleichend geographische Methode bietet; ebensowenig können und sollen all die Gruppen von Thatsachen und Ansichten erörtert werden, welche für oder gegen das vorgetragene System sprechen oder zu sprechen scheinen. Die vorliegende Arbeit soll eben, wie es von vornherein in Aussicht gestellt wurde, nur die Grundlage einer Verständigung bieten für die in der biologischen Geographie zusammentreffenden Wissenschaften.

Pierer'sche Hofbuchdruckerei. Stephan Geibel & Co. in Altenburg.

FSC
www.fsc.org
MIX
Papier | Fördert gute Waldnutzung
FSC® C083411

Zeitfracht Medien GmbH
Ferdinand-Jühlke-Straße 7
99095 Erfurt, Deutschland
produktsicherheit@kolibri360.de